安全事故真能归零

栾润峰◎著

U0344457

新华出版社

图书在版编目（CIP）数据

安全事故真能归零 / 栾润峰著.
-- 北京：新华出版社, 2024.4
ISBN 978-7-5166-7349-2

Ⅰ. ①安… Ⅱ. ①栾… Ⅲ. ①企业管理－安全生产
Ⅳ. ①X931

中国国家版本馆CIP数据核字（2024）第061763号

安全事故真能归零

作　　者：栾润峰

责任编辑：徐文贤　　　　　　　　　　封面设计：刘宝龙

出版发行：新华出版社
地　　址：北京石景山区京原路8号　　　邮　　编：100040
网　　址：http://www.xinhuapub.com
经　　销：新华书店、新华出版社天猫旗舰店、京东旗舰店及各大网店
购书热线：010－63077122　　　　中国新闻书店购书热线：010－63072012

照　　排：六合方圆
印　　刷：三河市君旺印务有限公司

成品尺寸：170mm×230mm　1/16
印　　张：7　　　　　　　　　　字　　数：100千字
版　　次：2024年4月第一版　　　　印　　次：2024年4月第一次印刷

书　　号：ISBN　978-7-5166-7349-2
定　　价：25.00元

序

安全事故屡屡发生，造成不可挽回的人员伤亡和财产损失。

为什么安全事故一而再，再而三地发生？

为什么监管、社区人员不断大排查的情况下还发生安全事故？

为什么政策、法规明确夯实主体责任的情况下，安全事故仍然在发生？

安全事故发生的真正原因是什么？

安全事故的根源在哪儿？

大数据告诉我们，安全事故是岗位责任人不履职造成的，是岗位责任人造假造成的。

各级部门不是一次运动式的大排查就能解决安全事故问题的，也不是夯实主体责任一句话就能解决安全事故问题的。

要想让安全事故不发生，唯一之道，是让社会所有岗位责任人能真履职。

岗位责任人不真履职也不是岗位责任人职业操守的问题，是安全事故的本质带来的。

安全事故是小概率事件，虽然现在安全事故频发，但对每一个人而言，对工作在不同岗位上的人们而言，多数人一辈子也不会真正遇见一次安全事故。

不怕一万，就怕万一，安全事故就是万分之一的小概率事件。

习惯性思维和路径依赖，让人们不会为如此小概率事件去买单，去认真，去花费时间、精力的成本。这就是每一次事故分析，都会让人们懊悔不已的原因。

多看一眼。

多走一步。

多去一次。

多说一句。

……

就是这些小事，不足挂齿的事，让人觉得你吹毛求疵的事，你要再讲会连朋友都没得做的事，带来了一次次灾难。

在大数据面前，在本质思考后，我开始思考用理性的方法来解决每一个岗位上的人如何会为一辈子也几乎不可能遇到的事去买单。

工作岗位上的普通人几乎一辈子也不可能遇到安全事故。所以本书提到的这个方法必须几乎零成本，几乎不增加工作量，还不需要人当面监督。

为什么要非人当面监督？因为只要是人，就有人性，就不会为小概率事件伤情面，就不能坚持去要求一而再，再而三地去做那些小事。

本书就是给大家说明有这个方法，本书插入了部分二维码，便于了解相关的新进展。

目 录

第一章　频发的安全事故

　　以镜为鉴，可以正衣冠；以人为鉴，可以明得失；以史为鉴，可以知兴衰。

　　首先，通过学习事故案例，人们可以更好地了解事故发生的原因和机理，从而更好地预防类似事故的发生。

　　其次，事故案例还可以帮助人们更好地应对和处理事故。在事故发生后，人们可以通过学习事故案例，了解如何有效地应对和处理事故，从而减少事故的影响和损失。

　　再次，事故案例还可以帮助人们增强安全意识和安全文化素养。通过学习事故案例，人们可以更好地了解安全的重要性，从而更加注重安全，提高整个社会的安全文化素养。

　　最后，通过安全事故案例学习，你能明确安全事故都是小事引起的，都是可以防止的。

　　下面就让我们一起回顾一下近年来发生的典型安全事故的情况。

一、某市一家医院重大火灾事故

　　2023年4月，某市一家医院发生重大火灾事故，造成29人死亡、42人受伤，直接经济损失3831.82万元。调查认定，该医院火灾事故是一起因事发医院违法违规实施改造工程、施工安全管理不力、日常管理混乱、火灾隐患长期存在，施工单位违规作业、现场安全管理缺失，加之应急处置不力，地方党委政府和有关部门职责不落实而导致的重大生产安全责任事故。

坡道下方可燃物、墙面木质装修被烧毁（由东向西）　　配电箱底部可燃物被烧毁（由西向东）

　　通过视频分析、现场勘验、检测鉴定及模拟实验分析，认定事故直接原因是：该医院改造工程施工现场，施工单位违规进行自流平地面施工和门框安装切割交叉作业，环氧树脂底涂材料中的易燃易爆成分挥发、形成爆炸性气体混合物，遇角磨机切割金属净化板产生的火花发生爆燃；引燃现场附近可燃物，产生的明火及高温烟气引燃楼内木质装修材料，部分防火分隔未发挥作用，固定消防设施失效，致使火势扩大、大量烟气蔓延；加之初期处置不力，未能有效组织高楼层患者疏散转移，造成重大人员伤亡。

　　调查查清事故暴露的主要问题是医院主体责任严重不落实，施工单位违规动火交叉作业，地方党委政府防范化解重大风险意识薄弱，医疗卫生机构行政审批和安全管理短板明显，建设工程安全监督管理存在漏洞，消防安全风险防控网不严密等。

　　对有关责任人员和责任单位的处理：

　　分管卫生健康工作的相关领导对卫生健康部门安全管理力量薄弱、医疗机构消防安全隐患突出的问题重视不够，督促市卫生健康部门履行"管行业必须管安全"职责、医疗机构落实安全生产主体责任不到位，对事故发生负有重要领导责任，应予严肃问责。依据《中华人民共和国监察法》《中华人民共和国公职人员政务处分法》等有关规定，经中央纪委常委会会议研究并报中共中央批准，决定由国家监委给予相关同志政务警告处分。

该医院法定代表人、医院院长、建筑装饰公司法定代表人等20人涉嫌重大责任事故罪，被公安机关立案侦查，其中19人已被检察机关批准逮捕。

同时，对该事故中存在失职失责问题的区委、区政府、街道党工委、办事处及卫生健康、住房城乡建设、消防救援、应急管理和自然资源规划等部门41名公职人员进行了严肃处理。对其他相关责任人，分别给予党纪政务处分或诫勉、批评教育等处理。

二、某省一中学体育馆坍塌事故

2023年7月，某省一中学校体育馆楼顶发生坍塌，市消防救援支队迅速调集力量赶赴现场开展救援。经核实，事故发生时，馆内共有19人，其中4人自行脱险，15人被困。此次事故共造成11人死亡。在这起坍塌事故发生四个月前，市教育局曾经开展校舍安全检查，检查事项涵盖安全生产责任制落实、校园安防建设、道路交通安全、校舍安全等7个重点区域。将大量质量不轻的珍珠岩堆放在承载力可疑的体育馆屋顶，毫无疑问是违规操作。

经现场初步调查，与体育馆毗邻的教学综合楼施工过程中，施工单位违规将珍珠岩堆置体育馆屋顶。受降雨影响，珍珠岩浸水增重，导致屋顶荷载增大引发坍塌。

2023年8月14日，国务院安委会发布重大事故查处挂牌督办通知书。根据《重大事故查处挂牌督办办法》，国务院安委会决定对该起重大事故查处实行挂牌督办。

三、某市一啤酒厂工人小便事件

2023年10月，某市一麦芽厂委托物流公司货车司机蔡某某（男）驾驶载有 33.96 吨麦芽的货车到达啤酒厂，称重后等待卸货。12 时 20 分许，装卸工人崔某某（男）等 3 人卸载该货车所载麦芽，按操作流程，将货车车厢底部卸货口打开，麦芽自动流入卸货口外的传送带，由传送带运输至原料仓。12 时 40 分许，在卸货过程中，崔某某与蔡某某因挪车问题发生口角。13 时 04 分，车厢内剩余少量麦芽，需进行人工清理，崔某某攀入货车作业时在车厢内小便。蔡某某通过行车记录仪后摄像头发现崔某某行为，用手机翻拍视频后上传至个人抖音账号。

此事件一经报道，啤酒厂迅速做出反应，就此前"工人原料厂小便事件"正式致歉。并表示今后将采取 4 项措施来加强内部管理。措施包括：原料运输车辆全部改为全封闭自卸车，实现人员与物料全程无接触，厂区监控系统升级为人工智能行为识别监控系统，加强全过程实时有效监控；强化外包业务人员管理，纳入工厂一体化管理；成立专项调查组，对相关失职行为严肃处理；无害化处理已封存麦芽，确保不进入食品生产加工环节，对企业带来不可挽回的损失。

但是消息发酵翌日，啤酒厂的股票低开近 7%，创下自 2022 年 5 月以来的新低，股价较年内高点下跌约 35%，进一步影响公司估值下跌。且 10 月 27 日，该啤酒厂在发布的三季报中显示，前三季度，实现了产品销量、营业收入、净利润"三增长"，但第三季度营业收入下降，公司净利润和扣非净利润的增幅也出现了不同程度的放缓。

当然经公安机关调查，崔某某具有故意损毁财物的违法行为。10 月 22 日，平度市公安局依据《中华人民共和国治安管理处罚法》，对其予以行政拘留。

四、"10·27"某市过山车碰撞事故

2023 年 10 月 27 日，某市一景区内大型游乐设施弹射过山车发生碰撞事故，

造成 28 人入院就诊，其中 3 人重伤、7 人轻伤、11 人轻微伤、7 人未达轻微伤，直接经济损失 397.50 万元。市人民政府事故调查组公布调查报告，认定该起过山车碰撞事故是一起因企业安全主体责任落实不到位、事故设备维护不善等原因造成的一般特种设备责任事故。

过山车碰撞事发时，事故设备发射区的 1 号涡流制动板后螺栓已疲劳断裂，导致涡流制动板在抬升时产生较大横向偏移，与前进的 1 号车永磁体发生刮碰又进一步增大了偏移量。因 1 号车未能越过轨道最高点，在重力作用下倒溜，车体底部永磁体与 1 号涡流制动板发生碰撞，并陆续与其他涡流制动板刮碰，造成车体永磁体完全损毁，制动功能失效，1 号车继续回退，与后方站台上的 2 号车发生碰撞，导致事故发生。

事故调查组综合分析认定，事故设备的运营使用单位在安全生产意识淡薄、主体责任落实不到位、隐患问题失察失管，放任设备"带病"运行、维修人员技能不足等问题。

对有关责任人员和责任单位的处理：

事故设备的维护保养和修理工程统筹单位存在出具严重失实自检报告、刻意隐瞒事实真相、维护保养责任落实不到位等问题。

事故调查组对 12 名责任人员和相关责任单位提出了处理建议。其中，移送司法机关处理人员 3 人，给予行政处罚人员 5 人，4 名责任人员由所在单位给予内部处理。

对在事故调查过程中发现的地方政府、有关部门及公职人员履职存在的问题，事故调查组已移交纪检监察部门按规定处理。

五、"1·20"某市一企业粉尘爆炸事故

2024 年 1 月 20 日，位于某市的一家金属有限公司生产车间发生粉尘爆炸。事故现场救援已结束，共造成 8 人死亡、8 人轻伤。

后续处理进程：

据应急管理部消息，1月22日下午，应急管理部召开全国工贸行业粉尘涉爆企业事故警示视频会议，通报"1·20"粉尘爆炸事故情况，督促各地区和相关企业深刻汲取教训，切实落实粉尘防爆整改措施，坚决遏制同类事故再次发生。

会议指出，"1·20"粉尘爆炸事故暴露出企业主体责任不落实、重大风险隐患排查整治质量不高、执法检查不精准不深入等突出问题，各地区和相关企业要以案为鉴，深刻汲取事故教训，切实把粉尘爆炸危险场所安全责任措施落实到社会末梢，落实到具体场景、具体点位、具体人员。

会议强调，相关企业要立即对标对表开展重大事故隐患自查自改，有效管控安全风险，做到不安全不生产。各地区要全面排查核实粉尘涉爆企业底数，组织执法小分队开展集中执法检查，坚决消除重大事故隐患。要加快推进粉尘监测预警系统部署，提升安全风险管控信息化、智能化水平。

六、"1·24"某市一店铺火灾事故

2024年1月24日，某市一临街店铺发生特别重大火灾事故。事故已造成39人死亡、9人受伤。

经查明，起火原因系地下一层冷库装修，因施工人员违规动火施工造成起火，因火势太大无法及时扑灭，浓烟通过楼道涌入至二楼，二楼是培训机构和宾馆，受困群众主要是参加"专升本"培训的学生和住宿旅客。

后续处理进程：

据介绍，当地消防救援力量接到群众报警，于7分钟后抵达事故现场开展救援，先后调派10个队站20车118名消防指战员，以及属地政府和应急、卫健、教育等部门人员赶赴现场，先后组织了5轮搜救，并依法控制了12名相关责任人员。

扫码，你可看到正在发生的，你身边的安全事故。

应急管理部腾讯官方账号   国家消防救援局腾讯官方账号

第二章 安全事故为何频发

一、事故的本质分析

第一章的这些安全事故，从本质上来讲，都是岗位责任人没有履职造成的。

具体分析上述医院火灾，就是三个基本岗位的人员不履职造成的。

第一是电焊工。电焊工是须持证操作的，考证时，已经明确电焊时周围环境必须是无易燃、易爆品才能操作。电焊工在操作之前没有进行这一基本检查，其实不是这一次没有检查，是因为之前他可能检查过几十次甚至上百次，但都没有发现问题，或者发现问题也没有引起灾害，慢慢他就不查了。也不是没有监管人员指出来，是因为有人指出过，但发现，不指出，也不会出事，因为事实上几十次、上百次也没出事，慢慢就不指出来了，免得引起大家不高兴。

第二是易燃品保管人员。易燃品堆放处，应该有围栏并且要有醒目的告示，这位易燃品保管员也许有基本的知识，知道易燃品堆放处的要求，但是之前没有引起过事故，就不再认为有这个必要了。

第三是易燃易爆场地管理员。对于易挥发物品不能在小空间堆放，周围不能有火种没有管控、没有提示。

二、安全事故频发的根本

一是因为人们不为小概率事件买单。

上述医院的火灾，并没有能让当事人之外的这三类岗位人员去改掉习性，他们依然在我行我素。

二是管理层虽然一时重视，发起大排查，但查与履职是两回事，查就是抽，做不到时时事事，就有遗漏。

当事人普遍认为倒霉的事不会到我头上，领导又只是抽查，必然出现遗漏。对于我们这样的大国，即使亿分之一的安全检查出现遗漏可能，也会引起安全事故频发。

第三章　安全事故真能归零吗？

对于负有安全事故的责任人，都会自我原谅，往往会说，安全事故怎么可能绝对不发生呢？

安全事故是可以做到绝对不发生的，如果做不到绝对，大家可以想象一下，你还敢买机票，坐飞机出行吗？针对飞机安全飞行，德国飞机涡轮机的发明者德国人帕布斯·海恩提出了一个在航空界关于安全飞行的法则。

海恩法则是这样说的：每一起严重事故的背后，必然有 29 次轻微事故和 300 次未遂先兆以及 1000 起事故隐患。

海恩法则

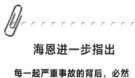

海恩进一步指出

每一起严重事故的背后，必然有29次轻微事故和300次未遂先兆以及1000起事故隐患。

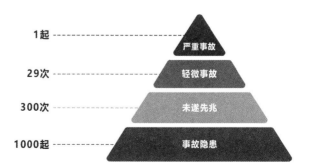

1起	严重事故
29次	轻微事故
300次	未遂先兆
1000起	事故隐患

安全管理漏洞：海恩法则强调了事故隐患管控的重要性。事故隐患管控不到位，往往会逐渐产生轻微事故。

轻微事故和未遂先兆的积累：海恩法则强调了事故背后的一系列轻微事故和未遂先兆。这些未被重视的小事故或未遂事件，如设备的小故障、操作的小失误等，如果得不到及时处理或纠正，会逐渐积累，增加发生更大事故的风险。

预警信号的忽视：在重大事故发生前，往往会出现一些预警信号。这些信号可能是设备的异常声音、仪表的异常读数或员工的异常感觉等。然而，由于各种原因，如员工的安全意识不足或管理层对预警信号的忽视，这些关键的信号往往被忽略，导致未能及时采取措施预防重大事故的发生。

海恩法则告诉我们，事故的发生看似偶然，其实是各种因素积累到一定程度的必然结果。任何重大事故都是有端倪可察的，其发生都是经过萌芽、发展到发生这样一个过程。如果每次事故的隐患或苗头都能受到重视，那么每一次事故都可以避免。

"海恩法则"对企业来说是一种警示，它说明任何一起事故都是有原因的，并且是有征兆的；它同时说明安全生产是可以控制的，安全事故是可以避免的；它也给了企业管理者生产安全管理的一种方法，即发现并控制征兆。

当某项工作中，连续出现"大错不犯，小错不断"的时候，相关管理人员就要注意了，如果不及时预防处理，大的灾难性的事故可能就会发生了。

通过对海恩法则的研究，全面地理解安全事故频发的原因并结合企业实际安全管控的经验，如果我们做到了每一个环节的真管控，任何安全事故都是可以预防的。

第四章 怎样才能真

真意味着与客观事实相符合。当信息与客观事实相符合时，意味着信息是真实可靠的，能够准确地反映事物的实际情况。在这种情况下，信息具有较高的可信度和可靠性，可以作为决策和行动的依据。然而，在实际生活中，由于各种因素的影响，信息往往存在偏差或误差。因此，在获取和使用信息时，需要有效的手段进行保障，以确保信息的准确性和可靠性。

世界上怕就怕"认真"二字，做到每一次检查都认真，确实太难了，对于安全工作，做到认真就更难，主要原因在于，安全检查中人都有侥幸心理，一般人几次检查没发现问题就会产生麻痹思想，以后的检查就会马虎进而还会作假，干脆不查。怎么能强迫每次查都确实查，并且认真查，还要能做到成本低，可持续呢？

一、五定保真发明

数字技术带来了可能，五定保真的发明技术专利，让每次都真查真干成为可能。五定是这样的：

我们已经掌握了风险点位，也能够明确每个风险点位的主要责任人。原来我们管理方式是，操作人员做个打钩的表格，汇报说他已经做了检查，但我们都知道，这种属于应付性的报告，无法确保每个人按要求做了检查。

　　针对以上问题，采用移动互联技术、物联技术、智能技术等，我们提出了五定防伪数据采集技术，五定保真技术是一种基于五维信息（时间、地点、人物、当前的场景、做的事情）的信息真实性验证方案，采用区块链防篡改技术，"真实还原现场场景，规避行为作假"，真实地采集每次行为的场景信息，比如当时行为的"人员信息、时间信息、实际地址信息、周边的场景环境信息、具体做事操作"，等等，从而形成一个多维度场景组合的场景数据，数字化地存储在云端区块链中，永远留痕，不可篡改，由于真实留痕可追溯，这样就确保生产者必须实话实说，真实有效检查，不能作假，真正实现他真实干，这样他检查就等于你检查了，实现了他干等于你干。如果成千上万的操作人员每天都真实去做检查，这就扩展了检查手段，确保了每个风险点都能得到有效的预防检查。

　　例如：在消防安全管理中，国家法律规定必须配置消防设施、器材，并定期组织检验、维修，确保完好有效。对于灭火器的要求，维修日期标识清晰完好；灭火器的零部件是否齐全，喷射软管是否完好，是否有明显裂痕；

灭火器的筒体是否有明显的损伤、缺陷、锈蚀；灭火器驱动气体压力是否在工作范围内（绿色区域内）。几乎所有的组织都存有灭火设备，如何能确保定期做了对应检查，通过五定防伪照片和视频，我们对每项检查行为都进行现场留痕，比如检查"灭火器驱动气体压力是否在工作范围内"，检查时，进行了如下五定拍照留痕，真实地反映了对应的责任人进行了真实的检查，确保了灭火设备的有效性，确保了生产者的安全消防检查做到位。

同样食品生产加工过程、药品采购现场、特种设备日常检查、垃圾清理、生产设备检修，等等，都由生产者的对应负责人，认真做好五定检查行为留痕，确保了每次检查行为真实、有效落地，不用担心作假而流于形式。

向生产者提供移动互联网使用的"五定防伪"工具，所有自我管理的行为都无法作假，生产者的管理人员也无须要现场复核，让自我管理成本可控。

以下是一个五定防伪的照片详细说明：五定防伪的方式利用移动互联网智能手机，通过采集：时间、地点、事项、工作结果以及采集人，形成多维度区块链图片及视频数据，做到真实有效。

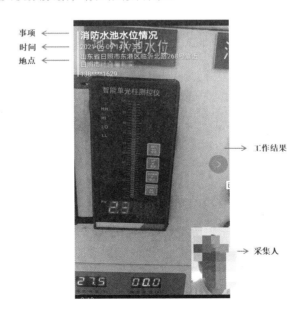

五定保真技术被广泛应用于企业安全生产中的安全自检、隐患治理、企业员工安全教育培训等场景，防止造假和欺诈，保证安全生产管控真落实。

（1）利用五定技术（检查时间、检查地点、检查人、检查时的现场情况、检查内容）确保企业安全生产日常自检真落实。

（2）利用五定技术（治理时间、治理地点、治理人、治理时的现场情况、治理内容）确保企业安全隐患治理真落实。

（3）利用五定技术（培训时间、培训地点、培训人、培训时的现场情况、培训主题）确保企业员工安全教育真落实。

五定保真技术在安全生产领域的应用，可以有效地提高安全生产的真实性，防止和减少安全事故的发生，保障人民生命财产安全，实现安全生产的数字化、智能化、网络化和平台化，从而达到通过技术解决真查、真干的问题。

二、自改自查的出现

五定保真发明专利的广泛应用，通过对数亿张五定保真照片的分析，我们惊奇地发现，自改自查出现了。

我们在五定保真发明的同时，也有用人工智能对五定图片、视频进行合规分析，找出不合格、不合规的五定拍摄责任人的设计。在大量五定图片、视频的处理后，我们发现人工智能发现不合规的图片太少，起初我们认为是人工智能出了问题，识别能力低，但通过大量的分析并没有找到人工智能的问题，是真没有不合规的图片。

通过对使用五定的岗位人员访谈，我们找到了原因。在使用五定记录后，岗位人明白，五定图片、视频是永久保留在了这一刻、这一地他本人做的事，如果有问题发生了，那是能追查到他的，他逃避不了责任的。因为五定，岗位人不再是会去想那个小概率的安全事件。他明白，面对岗位合规事项，他如果做得不合规，被发现是大概率事件，是不能出错的，因此，他们会在岗位检查时认真检查，将查到的问题改正、完善后再拍五定照片、视频，确保自己不会被追责。

　　有了自改自查，安全事故就真归零了。

扫码查看五定防伪专利技术视频

第五章　真能归零的办法

各行各业风险各不相同，影响安全的因素（机械设备、材料和环境等）众多，且存在多个风险交叉的情况，加之工作人员结构复杂，安全意识参差不齐，真有安全风险归零的办法吗？

有能真的五定保真发明，就能让岗位责任人每次、每件工作都真做，将岗位说明书中规定真实有效地落地，安全事故就真能归零。

真能归零的体系业务框架

　　构建体系化、立体化、精确化的生产过程管控工作责任真落实服务，同时建立"纵向到底，横向到边，责任到人"的责任体系，实现对人、机、料、法、环的全方位实时管控，提升企业安全。

　　全方位识别企业全部安全风险，掌握每个风险的全链条全生命周期情况；通过五定（定时、定点、定人、定景、定事）确保全部岗位风险自检、隐患排查、专项巡查真实有效进行，做到风险源真查，检查行为可追溯，人人落实不作假；通过 AI 审核等智能手段分析检查的内容，确保检查对；检查发现的隐患进行全面协同，实时分级报警，问题追踪到底，确保风险问题得到闭环处置，避免形成事故；数据真实、全面采集，实现风险的智慧分析，自动形成风险评级，由数据驱动安全业务，避免经验决策。

一、风险点全覆盖

　　通过对人、物、环境、管理等因素的分析，把工艺流程、区域场所、设备设施、生产管理系统拆分为可管控单元，形成风险点；依据法律法规和行业规范对风险点的风险进行分析，并通过风险矩阵分析法（LS）、作业条件危险性分析法（LEC）、风险程度分析法（MES）等方式方法把分析进行分级（重大风险、较大风险、一般风险、低风险）；把风险点落实到具体的生产系统上，形成要管控的风险源。

1. 风险点划分

　　根据风险点划分原则，结合企业的实际情况，以生产系统为划分单元，按照工艺流程顺序、设备设施、区域场所、管理系统等进行风险点划分。

　　工艺流程划分举例（以电磁线生产为例）：熔炼上引、拉丝、挤压、放线、退火硬化、涂漆、烘干固化、收线、漆包铜扁线、集束、换位包纸。

　　区域场所举例（以工地的四口五道边为例）：电梯井口、通道口、楼梯口、预留洞口，建筑物通道的两侧边、施工的楼梯口和梯段边、基坑周边、没有安装栏杆的阳台周边、无外架防护的层面周边。

设备设施举例（以消防设施为例）：灭火器、消防栓、灭火毯、破拆工具、强光手电、应急灯、安全疏散指示牌、防烟面罩、逃生绳、消防软管、消防水炮等。

2. 风险识别

通过工作危害分析法（JHA）对作业活动相关风险点进行风险识别；通过安全检查表分析法（SCL）对设备设施相关风险点进行风险识别；通过危险与可操作性分析法（HAZOP）对复杂的工艺流程相关风险点进行识别。

对辨识出的风险通过风险矩阵分析法（LS）、作业条件危险性分析法（LEC）、风险程度分析法（MES）进行风险分级（重大风险、较大风险、一般风险、低风险），并确定相应的管控措施。

工艺流程相关风险点举例：

风险环节	风险点	风险等级	检查频次	检查内容	检查标准
作业活动	熔炼上引运行监测	低风险	一天一次	备用水箱水位检查	备用水箱的水位必须为满水位
作业活动	熔炼上引运行监测	低风险	一天一次	结晶器、水套及线圈部位的冷却水水压检查	水压必须在0.2-0.25MP$_a$区间内
作业活动	熔炼上引运行监测	低风险	一天一次	冷却循环泵水压是否正常，泄漏检查	水压差必须小于0.5MP$_a$
作业活动	熔炼上引运行监测	低风险	一天一次	温控表、电流表是否准确	温度在1150℃-1170℃之间
作业活动	熔炼上引运行监测	低风险	一天一次	备用空压机检查	确保备用空压机运行正常无异响
作业活动	熔炼上引运行监测	低风险	一天一次	收线机检查	确保收线机运行正常无异响
作业活动	熔炼上引运行监测	低风险	一天一次	连铸机检查	确保连铸机运行正常无异响

设备设施风险点举例：

风险环节	风险点	风险等级	检查频次	检查内容	检查标准
设备设施	灭火器配置风险	低风险	一天一次	灭火器在位情况检查	确保灭火器在位且数量满足要求
设备设施	灭火器配置风险	低风险	一天一次	灭火器压力表检查	灭火器的压力指针必须在绿色区间内
设备设施	灭火器配置风险	低风险	一天一次	灭火器外观检查	灭火器外观完整无破损
设备设施	灭火器配置风险	低风险	一天一次	灭火器有效期检查	确保灭火器的年检日期在有效期内

区域场所风险点举例：

风险环节	风险点	风险等级	检查频次	检查内容	检查标准
区域场所	配电房安全风险	低风险	一天一次	照明状况检查	照明设备运行正常
区域场所	配电房安全风险	低风险	一天一次	消防设施检查	消防设施完好且有效
区域场所	配电房安全风险	低风险	一天一次	通风冷却设施检查	通风冷却设施运行正常无异响
区域场所	配电房安全风险	低风险	一天一次	挡鼠板检查	挡鼠板在位
区域场所	配电房安全风险	低风险	一天一次	配电柜各指示灯检查	配电柜各指示灯显示正常
区域场所	配电房安全风险	低风险	一天一次	变压器温度检查	变压器温度正常
区域场所	配电房安全风险	低风险	一天一次	设备运行声音检查	设备运行正常无异响
区域场所	配电房安全风险	低风险	一天一次	接触器检查	接触器正常
区域场所	配电房安全风险	低风险	一天一次	分开关检查	分开关正常

3. 风险检查单形成

根据识别出的风险点的检查清单，形成该风险点的检查清单和发现隐患后的整改清单。

4. 风险源辨识

对所有的设备设施进行统一管理。

序号	设备名称	设备编号	型号规格	数量	单位	所在区域
1	灭火器 1#	JH-SBSS-MHQ-01	干粉灭火器(3kg)	2	个	会议室 1
2	灭火器 2#	JH-SBSS-MHQ-02	干粉灭火器(3kg)	2	个	会议室 2
3	灭火器 3#	JH-SBSS-MHQ-03	干粉灭火器(3kg)	2	个	办公大厅
4	消防栓 1#	JH-SBSS-XFS-01	单栓室内消火栓箱(丙、丁型)	1	个	数字实验室
5	消防栓 2#	JH-SBSS-XFS-02	单栓室内消火栓箱(丙、丁型)	1	个	楼梯口
6	应急灯 1#	JH-SBSS-YJD-01	YYJD-ZZ-66	1	个	办公大厅 1 区
7	应急灯 2#	JH-SBSS-YJD-02	YYJD-ZZ-66	1	个	办公大厅 2 区
8	应急灯 3#	JH-SBSS-YJD-03	YYJD-ZZ-66	1	个	数字实验室
9	安全疏散指示牌 1#	JH-SBSS-ZSP-01	600mm×450mm	1	个	办公大厅
10	安全疏散指示牌 2#	JH-SBSS-ZSP-02	600mm×450mm	1	个	数字实验室

对所有的作业活动进行统一管理。

序号	作业活动	作业活动内容或步骤	岗位/地点	生产线
1	熔炼、上引	整个过程通过无氧铜杆连铸机组进行,机组将铜坯经工频感应炉熔化成液体,通过覆盖于表面的木炭与空气隔绝(避免铜液氧化)经保温炉将铜液温度控制在 1150℃±10℃,连铸机铜液在结晶器中快速结晶连续不断地生产出粗铜杆。	上引车间	上引机 1# 上引机 2# 上引机 3# 上引机 4#

续 表

序号	作业活动	作业活动内容或步骤	岗位/地点	生产线
2	拉丝	按生产工艺正确配模，避免造成批量报废。将铜杆用轧头机轧头后逐个穿模，然后将裸铜扁线引到收线器上，调节拉丝剂的流量和润滑位置，然后启动开关。	型线车间	五模拉丝机 1# 七模拉丝机 1# 九模拉丝机 1#
3	挤压	粗铜杆放线矫直、送线粗铜线杆通过挤压设备挤压成裸铜扁线清洗、冷却收线。	型线车间	挤压生产线 1# 挤压生产线 2# 挤压生产线 3#
4	放线	将裸铜扁线均匀地从线盘上放出。	型线车间	/
5	退火、硬化	放出的裸铜扁线通过放线小车进入软化炉中加热，进行退火热处理。	漆包车间	漆包生产线 1# 漆包生产线 2# 漆包生产线 3#

对区域场所进行统一管理。

序号	类型	场所名称	所在位置
1	办公区	总部 2 楼办公区	盈创园区 A 座
2	办公区	总部 4 楼办公区	盈创园区 A 座
3	办公区	总部 7 楼办公区	盈创园区 A 座
4	会议室	第一会议室	总部 4 楼
5	会议室	数字实验室	总部 4 楼
6	机房	总部机房	总部 4 楼
7	仓库	总部库房	总部 4 楼

结合划分的风险点，识别出的风险点的风险以及具体的设备设施，作业获取，区域场所形成最终的风险源。

风险源名称	所属位置	风险点	风险环节	风险等级	检查频次	责任人	治理部门
变压器日常检查（配电间）	配电间	变压器日常检查	设备设施	一般风险	周	恩施向	电工
变压器运行记录（配电间）	配电间	变压器运行记录	设备设施	一般风险	天	张国庆	电工
叉车日常检查（345234）	厂区	叉车日常检查	设备设施	低风险	周	党中立	机修
叉车日常检查（345235）	厂区	叉车日常检查	设备设施	低风险	周	连江宇	机修
叉车作业岗前检查（120987）	场内	叉车作业岗前检查	作业活动	低风险	天	张沥青	机修
叉车作业岗前检查（120988）	厂内	叉车作业岗前检查	作业活动	低风险	天	梁中强	机修
电工作业岗前检查（厂区）	厂区内	电工作业岗前检查	作业活动	低风险	天	李中杆	电工
电工作业岗前检查（配电间）	配电间	电工作业岗前检查	作业活动	一般风险	天	王金山	电工
起重机日常检查（34243569）	上引车间	起重机日常检查	设备设施	一般风险	周	曹辉	机修
起重机日常检查（54631570）	上引车间	起重机日常检查	设备设施	一般风险	周	杨强	机修
起重机日常检查（34243347）	换位车间	起重机日常检查	设备设施	一般风险	周	李宝山	机修
起重机日常检查（34243346）	换位车间	起重机日常检查	设备设施	一般风险	周	董强	机修
熔炼上引岗后检查（JH01）	上引车间	熔炼上引岗后检查	作业活动	低风险	天	刘新辉	机修
熔炼上引岗后检查（JH02）	上引车间	熔炼上引岗后检查	作业活动	低风险	天	王忠	机修

5. 风险源标识

为识别出的每一个风险源生成一个专属风险码，并把该码粘贴在对应的位置上。风险码主要标识风险点信息、风险信息、管控措施、管控频次、管控情况等。

风险码示意图

二、碎片化提醒岗位人安全责任、重复岗位知识

传统的知识传播，通过开培训班的方式进行培训，但他的问题是组织难，成本高，培训效果差。如果组织管理者内部的小范围技能培训都这么难，又如何能确保成千上万的生产者从业人员掌握专业的知识，这是一个非常大的难题，但从业人员的专业性又是风险控制的一大根本。

我们面对这样的问题需要解决哪几方面的问题呢？第一，我们首先解决成千上万生产者从业人员能碎片化学习，不需要集中培训。第二，我们要解决好管理者非专业人干专业事的问题，当今的监管机构由于机构整合、人员年龄偏大、人员偏少等问题，导致很多管理者并不具备相关检查的专业知识，导致在实际工作中缺少知识，无法有效开展工作。第三，我们要解决好关键的岗位安全责任、安全知识的真学、有效学的问题，这些问题一直是国家积极在解决的难题。

我们接下来讨论一个案例，比如在食品安全，食品领域存在人员结构流动性比较大、平均文化水平偏低，导致人员的专业知识很难得到保障。2021年，市场局定义为食品安全培训年，要求每个人员要做到 40 小时的培训学习，通过强令学习来整体提升行业水平，但事实上餐厅面临着很多问题：第一，培训难度大；第二，培训完毕后人员又流动，但是不培训，又存在操作风险。现实中，我们调研了很多餐厅人员，我们发现很多基础常识都不懂，比如餐厅要做好三防检查，但其实很多人员都不知道"三防"指的是什么，更不要谈进行三防检查。那我们看怎么来通过碎片化学习来解决这个问题。大家看下图，员工登录平台后，在企业待办任务中，我们清晰地给每个员工提醒了作为她这个角色要进行检查工作，这个时候员工只要点开这个检查项目，随之而来的就是图文、语音的知识介绍和引导，清晰地给操作人员讲清楚了如何做检查、检查要点以及规范要求，员工通过几次操作后，即可迅速掌握到

检查任务

碎片化知识指导

自己这个角色该掌握的知识，边工作边学习，实战性、碎片化地掌握了知识，提升工作的专业化水平，规避由于不懂知识造成的操作不当等风险。

接下来，我们来看如何解决管理人员普及检查知识，同样我们也是在检查人员到了现场检查时，我们要提供清晰的检查要求说明，让检查人员在检查时，实时学习和掌握检查要点，并进行对应的检查留痕。

检查要求说明

对于特别的安全知识，我们要确保人员真实学习，我们通过将培训知识进行系统的线上化分类管理，采用人脸识别、活体甄别的技术，当人员在学习时，只有眼睛炯炯有神地看着培训内容，才记录为有效学习，这样我们就能确保学习者能够真正地阅读了相关知识的视频或文字，并结合线上考核，就能保证学习的时长和质量，真正地通过技术平台，有效地约束了每个从业者认真学习了需要掌握的专业知识，有效规避了由于技能缺少导致的操作风险。

通过以上几个方法，我们就能把各行各业的专业知识，通过碎片化和线上专业化的方式传播给每个生产从业者和管理监管者，实现了安全知识的普及，让很多非专业人士能够干专业事情，同时在日常操作中迅速掌握知识，成为专业人，普遍提高行业从业人的知识水平，解决风险安全最关键的因素，由于人员知识缺少而导致的安全风险。

三、岗位真自检

岗位责任人最清楚本岗位的安全风险，最知道应该怎么去避免风险、管理好风险，岗位责任人是风险管控的关键环节，只要岗位落实好安全责任就会有效降低安全事故的发生，保障企业正常安全生产，平台通过五定技术真正夯实岗位安全责任。

1. 检查任务化，内容清单化

待办检查任务

检查清单 2：检查过程指导

平台根据风险源设置的检查频次自动生成检查任务并推送到风险源责任人员的待办工作台，不同检查频次生产任务规则如下：

一天一次：在当天凌晨自动生成检查任务；

一周一次：在本周第一个工作日自动生成检查任务；

一月一次：在本月第一个工作日自动生成检查任务；

一季一次：在本季第一个工作日自动生成检查任务；

一年一次：在本年第一个工作日自动生成检查任务。

在待办任务即将过期时，通过消息方式提醒检查人员，不同检查频次消息提醒规则如下（使用者也可以根据自己的习惯来调整提醒时点）：

一天一次：在当天下午4点进行提醒；

一周一次：本周最后一个工作日早上9点、下午4点分别进行提醒；

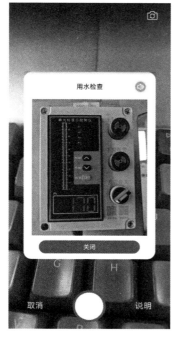

标准图片库

检查标准

一月一次：本月最后一个工作日的前一天和最后一个工作日的早上 9 点、下午 4 点分别进行提醒；

一季一次：提前一周每天早上 9 点进行消息提醒；

一年一次：提前一周每天早上 9 点进行消息提醒。

平台在前期实施的过程中会采集每一项检查的标准场景，形成标准库。

岗位工作人员在检查过程中 App 会通过语音、文字、标准图库等方式告知岗位自检的注意事项和内容，确保自检人员会检查。

2. 检查过程 AI 分析

平台借助边缘计算，依据标准图片库对检查记录进行 AI 分析，确保检查的内容合格有效。

标准图片库　　　　　　　　　　实际检查场景

3. 检查过程真留痕

检查人员通过五定照片或视频进行留痕，确保检查真实有效。

五定留痕

四、隐患真排查

把企业日常隐患排查、专项或专业性隐患排查、节假日隐患排查、季节性隐患排查、综合性隐患排查的排查清单进行统一管理。主要包括所属风险环节、风险点名称、风险等级、责任部门、隐患类型、排查项。

隐患排查人员进行现场排查时，选择需要排查项，并就检查的结果进行五定照片或视频进行留痕。排查过程中如果发现隐患，直接选择发现隐患，平台自动流转进行闭环治理。

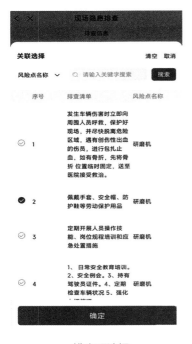

排查项选择   五定留痕

五、隐患随手报

企业的员工共同参与企业安全管控工作，形成共建"共治"共享的良好局面。在企业车间或者办公区域醒目的位置粘贴风险二维码，员工发现风险隐患扫码进行上报，可以选择实名或者匿名。平台自动形成治理任务给隐患治理人员，同时推送消息给安全管理人员。风险隐患最终被确认，对相关上报人员进行奖励。

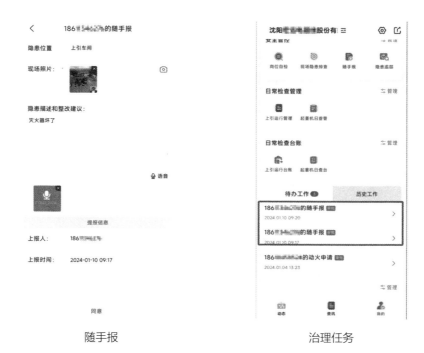

随手报　　　　　　　　　治理任务

六、重点区域视频线上管理

在重点区域部署智能语音对讲网络摄像机，视频信号通过网络上传到云视频服务器，视频服务器分发给有权限的客户端，管理者通过手机 App、PC 端、指挥大屏实时查看，在查看过程中如果发现问题可直接与现场人员进行对讲沟通。

对已经部署了视频监控的区域，也可以通过智能转码器把现有的视频信号接入到云视频服务器。

电脑管理端实时查看

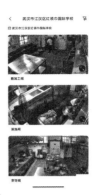

手机上实时查看

视频线上巡检

　　智能语音对讲网络摄像机可进行本地存储，实现远程视频回放追溯。

　　安全管理者在手机或电脑上进行线上巡检，发现隐患直接截图标记并下发给隐患治理人员进行闭环治理。

七、关键风险人工智能分析

把关键点位的视频信号接入到 AI 边缘计算盒子，依托 AI 边缘计算盒子的强大计算能力，实时分析安全隐患，目前支持 AI 模型有 2000 种，举例如下：

建筑工地 AI 模型举例：安全着装识别（安全帽识别、反光衣识别、工服识别、皮肤裸露识别）、环境风险识别（烟雾识别、明火识别、裸土识别、车辆喷淋识别）、人员行为识别（人员离岗、吸烟、打电话、人员闯入、人员摔倒）。

餐饮后厨 AI 模型举例：工作人员着装不规范（未穿工服、未戴帽子、未戴口罩），工作人员行为不规范（抽烟、打电话、离岗），环境异常（地面积水），动物闯入（老鼠）。

生产车间 AI 模型举例：工作人员行为不规范（未佩戴安全帽、抽烟、打电话），环境异常（明火、烟雾）。

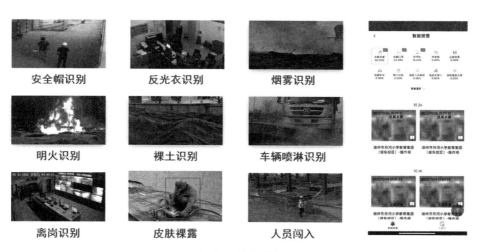

部分 AI 能力举例

八、关键风险智能物联实时监测

对关键的风险点通过物联设备进行实时监测，实时分析安全隐患，发现隐患推送给安全管理员进行闭环治理。

餐饮行业物联设备举例：专间温湿度监测仪、消毒柜高温监测仪、留样冰箱温湿度监测仪、挡鼠板位移监测仪、紫外线杀毒监测仪、燃气监测仪等。

生产车间物联设备举例：车间温湿度监测仪、环境压差监测仪、环境洁净度监测仪等。

特殊环境物联设备举例：有毒有害气体浓度监测仪、防静电设备的工作情况监测仪。

农业物联设备举例：水质溶解氧监测仪、水质 pH 和氨氮监测仪、水质亚硝酸盐监测仪、水质盐度监测仪。

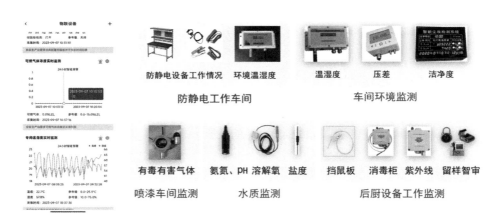

物联能力举例

九、隐患智能发现，协同推送，智能闭环

对于检查中发现的隐患问题，自动形成隐患问题单，并根据问题类型自动流转给对应的解决人，解决人实时收到消息及待办任务，及时进行处置，根据处置情况进行自动流转，直到问题办结。作为管理人员可以实时收到隐患办结周期超期提醒以及超期未办提醒，及时给予督办，从而确保了风险隐患快速办结。

电话预警　　　　　　　　　　　　　App 消息预警

隐患地图突显　　　　　　　　列表追踪　　　　　　　办理流程

十、职能部门督导

通过风险动态呈现整体风险的情况给安全管理人员，主要包括：

总况数据：风险点数量、风险源数量、发现隐患次数、风险受控率、隐患治理率；

管控数据：查看该查未查风险源、已查风险源、该改未改隐患、已治理隐患；

隐患跟踪：可以给相关责任人员直接拨打电话。

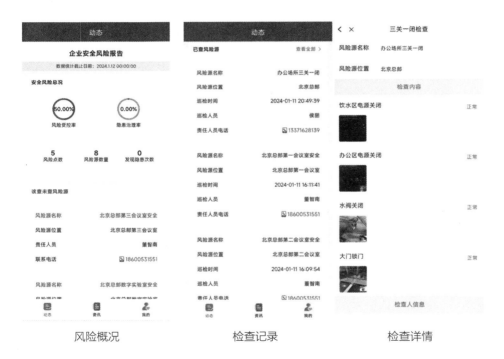

风险概况　　　　　　　　检查记录　　　　　　　　检查详情

把企业的风险点的检查情况按月份形成台账；台账主要包括巡检情况、发现隐患情况、隐患被处置情况，台账支持导出存档。

安全台账

台账详情

十一、企业负责人实时感知企业风险，精准决策指挥

大数据计算平台对岗位自检采集的数据、AI 分析采集的数据、物联采集的数据进行实时分析，并通过聚合数字技术形成决策报表呈现给管理者进行决策。

台账报表

决策大屏

第六章　各角色安全隐患真归零的分析

一、家庭安全

家庭安全是现代生活中越来越受到关注的重要领域，它关乎每个家庭成员的生命财产安全以及隐私保护。在当前社会流动性增强的背景下，家庭安全问题日益凸显。一方面，由于工作和生活节奏的加快，人们在家中停留的时间相对减少，空巢老人和留守儿童的安全问题尤为突出；另一方面，一些家庭因忽视"三关一闭"的操作，缺乏必备的一些安防措施，可能会给自己和家人带来生命和财产的损失，甚至会影响到周围的邻居和社区。

1. 家庭存在的安全隐患

1.1 家庭存在的被盗隐患

随着社会的发展和人们生活水平的提高，家庭财产安全问题也越来越受到人们的关注。家庭常见的被盗隐患有以下两种：

忘记关门窗而被盗窃，这是家庭被盗的最常见的原因之一。一些不法分子会专门寻找那些门窗未关或未锁的住宅，趁人不备，轻易进入家中，盗走现金、首饰、电子产品等贵重物品。

没有安防措施而被盗窃，这是家庭被盗的另一个常见的原因。一些住宅没有安装防盗门窗、安防系统、门窗锁具等设施，或者安装的设施质量不佳、功能缺失，无法有效地阻挡或警告入侵者。

1.2 家庭存在的燃气泄漏隐患

燃气是日常生活必不可少的生活能源，但是如果使用不当，也会带来严重的安全隐患。家庭中常见的燃气泄漏隐患有以下五种：

燃气管道、阀门、接头等部位老化、损坏或松动，导致燃气泄漏。这些部位应定期检查、维修、更换，防止发生意外。

燃气灶具、热水器等设备使用不当，造成燃烧不完全或熄火后未关闭阀门，导致燃气泄漏。这些设备应按照说明书正确使用，安装有熄火保护装置，使用后及时关闭阀门。

燃气设施周围堆放易燃可燃物品，如纸张、布料、油漆等，一旦遇到明火或电火花，可能引发火灾或爆炸。这些物品应远离燃气设施，保持周围环境清洁、干燥。

燃气设施所在的房间通风不良，导致燃气浓度达到爆炸的混合比，遇到火源，引发爆炸。这些房间应保持良好的通风换气，安装排风扇或开窗通风。

燃气设施未经专业人员安装、改造、维修，或使用非法气源，导致燃气泄漏或爆炸。这些行为应严格禁止，应向正规的燃气公司或服务机构咨询、委托。

2. 家庭安全隐患真归零方法

2.1 家庭被盗隐患真归零

家庭安全管控平台配套物联网门磁报警器，通过数字技术来24小时守护家中安全。智能门磁报警器是一种可以感应门窗开关状态的设备，由两部分组成：一部分是安装在门窗上的磁铁，另一部分是安装在门框或窗框上的传感器。当门窗被打开或关闭时，传感器会检测到磁铁的位置变化，并通过无线信号将信息发送给家庭安全管控平台。用户可以通过 App 实时查看门窗的状态。当用户外出时，可以开启布防模式，如果有人非法闯入，智能门磁报警器会触发报警，并通知用户和相关人员。

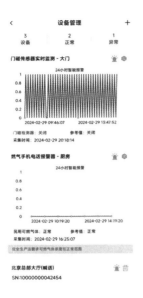

门磁设备管理

门磁状态查看

2.2 家庭燃气泄漏隐患真归零

设备状态实时监控

电话报警

家庭安全管控平台配套燃气报警器，这是一种可以检测家中燃气泄漏的设备，能够及时发出声光报警信号，提醒用户采取措施，避免火灾或中毒的危险。燃气一旦泄漏，家庭安全管控平台将通过电话、App等渠道急速通知用户。

2.3 离家"三关一闭"

出门前，做好家庭关水、关电、关燃气，闭门窗（三关一闭）自查工作，可有效预防家庭事故的发生。如家庭安全管控检测到出门未做自查工作会给用户预警提醒。完成"三关一闭"自查后会自动发布家庭安全动态。

二、路边店安全

小商超、理发店、五金店、餐饮店等沿街商铺与我们的日常生活息息相关，但沿街店铺普遍存在：前店后宅、下店上宅，夹层住人等特点，一旦发生火灾，极易造成"小火亡人"的悲剧；同时沿街商铺也是不法分子容易关注的地方；一旦发生盗窃，很容易影响到商铺的正常经营。我们分析沿街商铺存在的安全隐患，并通过数字化手段守护店铺的安全，让店铺的安全隐患真归零。

1. 路边店存在的安全隐患

1.1 店铺存在的火灾隐患

"三合一"现象：部分商铺业主为了节约经营成本，通过增设夹层、隔间等方式，将住宿、生产、仓储、经营场所设置在同一建筑内，一旦发生火灾后果不堪设想。

易燃可燃物品大量存放：商铺内一般存放着大量易燃可燃商品，加之管理不善，堆放拥挤，遇到明火极易引发火灾；更为可怕的是很多商铺业主不知道哪些是易燃可燃物，为商铺的安全带来了更多的不确定性。

违规用电：在商铺火灾中，电气线路故障引起的火灾占大多数。部分商铺业主为了经营、住宿方便，在不穿管保护的情况下乱拉乱接电线，同时使用多台大功率用电设备，更有甚者直接走线给电动车充电，极易引发火灾。

违规用火：部分门店内存在违规使用明火做饭、营业期间违规动用明火装修、在店内随意吸烟等行为，都极易引发火灾。

消防设施功能缺失：部分商铺的消防设备缺失、过期、不能正常使用；消防通道堵塞，一旦发生火灾无法及时灭火和逃生。

消防安全意识薄弱：沿街商铺大多为个体经营，且店铺流动性大，绝大部分工作人员没有接受过系统的消防培训，面对火灾容易惊慌失措，不能及时进行初期扑救和逃生。

1.2 店铺存在的财产安全隐患

据大数据统计，不法分子专挑凌晨商铺打烊后实施盗窃。他们选择路边停止营业且无人看护的店铺、商铺下手，撬锁、破坏门窗入室盗窃现金以及便于携带的财物。

2. 路边店安全隐患真归零方法

很多店铺存在很多安全隐患，但并没有引起业主的足够重视，正如我们在第二章中分析"安全事故频发的根本"时提到，对单个个体来说，安全事故是小概率事件，我们不愿意为小概率事件买单。我们自认为安全事件不会发生在我们自己的头上。当然这些已经发生过火灾或盗窃的商铺业主也曾经这样"自认为"过。

下面让我们一起来看看门店安全管控平台如何通过数字技术来有效规避人们的侥幸心理，让店铺的安全隐患真归零。

2.1 火灾安全隐患真归零

2.1.1 定期消防安全检查

定期对店铺内的消防安全进行检查，主要包括：消防通道是否通畅、消防设备设施是否完整在位且有效、是否存在违规用电和动火情况、是否堆积和违规存放易燃易爆物品等。

门店安全管控平台明确每一项的检查清单和合格标准，以及检查频次。并通过 App 消息等方式定期进行提醒，防止店主遗忘。

店铺在闭店时，关水、关电、关燃气、锁门并在 App 中进行登记，如果遗忘，App 会自动提醒店员。

检查内容清单化

检查要求标准化：
闭店前"三关一闭"

2.1.2 学习安全事故案例

门店安全管控平台 App 把近期的消防安全事故呈现出来让店铺业主进行观看、学习、借鉴，并把安全消防知识呈现让店铺业主进行学习，掌握必要的安全消防知识。

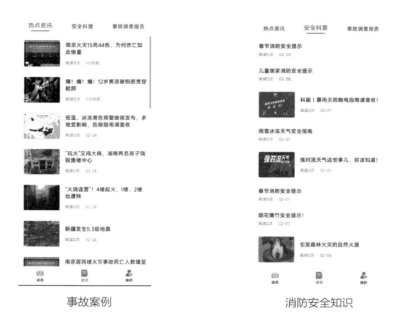

事故案例　　　　　　　　　消防安全知识

2.2 盗窃安全隐患真归零

门店安全管控平台引入智能 AI 摄像机，通过数字技术来 24 小时守护店铺安全。店铺业主通过 App 实时查看店铺情况，为了更好地呈现夜间效果，智能 AI 摄像机默认开启红外夜视；智能 AI 摄像机支持移动侦测，当捕获到有人闯入后，现场进行声光驱赶，同时 App 通知给店铺业主。

三、中型企业安全

随着企业的发展，安全越来越重要，而在企业生产过程中，往往因为工作人员安全意识不到位、工作状态欠佳、安全隐患发现不及时甚至安全隐患发现后无法全部完成治理闭环，让安全隐患演变成了安全事故，给企业带来了巨大的经济损失和舆论压力。

1. 企业存在的安全隐患

通过对大量的事故案例分析以及企业的深度调研，我们发现企业安全管控主要面临如下的问题：

风险底数不清楚：很多企业不知道自己企业都存在哪些风险，这些风险在哪儿。

风险管控的标准不清楚：由于很多风险具有很强的专业性，企业在进行安全管控的时候，并不知道检查什么，怎么才算没有隐患。

员工的安全意识参差不齐：企业，尤其是生产企业的员工普遍安全意识薄弱，给安全管控带来了很多不确定性。

安全管控过程作假：正如我们在第二章中分析"安全事故频发的根本"时提到，对单个个体来说，安全事故是小概率事件，久而久之，很多安全检查人员不再认真进行检查，甚至都不到场检查，为安全埋下了很大隐患。

发现的安全隐患无法闭环处置：我们在和企业沟通中发现，现在是不缺发现问题，而是没有足够的能力来解决问题，即使解决了也不知道。为了不影响生产，很多时候都在带病生产。

2. 企业安全隐患真归零的方法

全方位识别企业全部安全风险，掌握每个风险的全链条全生命周期情况；通过五定确保全部岗位风险自检、隐患排查、专项巡查真实有效进行，做到风险源真查，检查行为可追溯，人人落实不作假；通过 AI 审核等智能手段分析检查的内容，确保检查对路；检查发现的隐患进行全面协同，实时分级报警，问题追踪到底，确保风险问题得到闭环处置，避免形成事故；数据真实、全面采集，实现风险的智慧分析，自动形成风险评级，由数据驱动安全业务，避免经验决策。

2.1 风险点全覆盖

根据风险点划分原则，结合企业的实际情况，以生产系统为划分单元，按照工艺流程顺序或者设备设施、区域场所、系统等进行风险点划分。并对划分的风险点进行风险识别和风险评级。

为识别出的每一个风险源生成一个专属风险码，并把该码粘贴在对应的位置上。风险码主要标识风险点信息、风险信息、管控措施、管控频次、管控情况等。

2.2 五定真检查

通过五定技术来确保岗位风险自查、隐患排查真实有效落实，并通过流程化的处置让发现的隐患得到闭环治理。

2.2.1 岗位风险自查

岗位责任人最清楚本岗位在哪里有安全风险，最知道应该怎么去避免风险，管理好风险，岗位责任人是风险管控的关键环节，只要岗位落实好安全责任就会有效降低安全事故的发生，保障企业正常安全生产，平台通过五定技术真正夯实岗位安全责任。

平台把要通过岗位自查进行管控的风险源形成自查任务按照管控批次推送到岗位责任人员工作台，确保自查按时进行。

岗位工作人员在检查过程中 App 会通过语音、文字、图片等方式告知岗位自检的注意事项和内容，确保自检人员会检查。

检查完规定的内容后，对检查的结果进行扫码上报，App 通过五定技术来确保真实自查。

2.2.2 隐患闭环治理

日常巡查过程中发现安全隐患，管理者通过查看视频发现安全隐患，AI 发现安全隐患，以及物联设备发现安全隐患，全部自动上报到云平台。

云平台接收到安全隐患之后，根据预置的处置规则，结合安全隐患的等级，通过电话、短信、值班室语音云喇叭、App 消息等多种渠道通知到安全隐患处置责任人员，确保每一个安全隐患都有人知道。

云平台接收到安全隐患之后，在给相关人员推送消息的同时，给相关人员形成安全隐患处置任务，处置人员处理完安全隐患后进行上报，管理人员可以对处置情况进行审核，对未及时处置的进行督导。

2.2.3 高危作业管控

高危作业主要是指动火作业、高处作业、吊装作业、有限空间作业、临时用电作业、动土作业、断路作业、盲板抽堵作业等作业活动。

作业前预防：作业前，对生产现场和生产过程、环境可能存在的事故隐患进行分析、评估分级，并制定相应的控制措施。管控措施落实到位之后，通过流程进行申请，申请的时候需要把现场管控落实情况上报。安全管理人员进行现场审核确认，达到施工要求进行流程审批。

作业中管控：在高危作业区安装视频监控设备，可以实时查看现场情况；通过 AI 实时分析人员值守、佩戴安全帽等情况；通过物联设备实时监测空气质量、温湿度等。发现问题，及时通过现场声光、电话、云喇叭等方式通知安全管理人员。

作业后存档：对高危作业的申请、现场管控时采集的视频图片、物联采集的数据进行存档，以便后期分析和追溯。

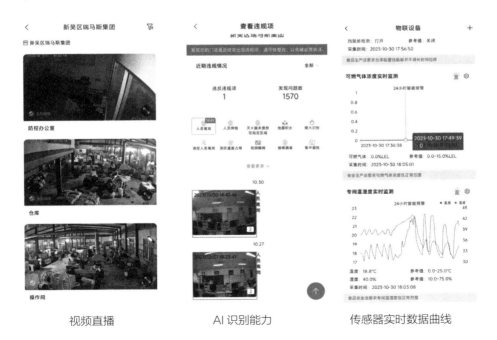

视频直播　　　　　　AI 识别能力　　　　传感器实时数据曲线

2.2.4 检查台账

把企业的风险点的检查情况按日、周、月、年四个维度形成台账；台账主要包括巡检情况、发现隐患情况、隐患被处置情况。台账报告支持对内和对外两种。

2.3 人工智能审核

2.3.1 人工智能审核

平台对五定真检查的内容进行实时 AI 审核，目前已支持工作人员着装不规范（未穿工服、未戴头盔、未戴口罩），工作人员行为不规范（抽烟、打电话、离岗），环境异常（火焰、静电释放、窖池挂网），人员出入、动物闯入等两千多种 AI 模型。

AI 审核发现检查不合格时，平台给检查人员形成整改任务并推送到代办工作台，同时通过 App 消息进行通知。检查人员必须进行再次检查并上报检查情况。AI 平台对检查人员再次上报的内容进行复审，直至审核通过。

2.3.2 分析决策

大数据计算平台对巡检采集的数据进行实时分析，形成决策报表给管理者，以便管理者进行决策。

决策报表呈现的数据有：所有风险源的巡检完成情况；巡检过程中发现隐患情况；发现隐患被处置的情况；经常发现隐患的风险源。支持按月、季度、年查看。

四、大型集团企业安全

1. 大型集团存在的安全隐患

下属企业数量众多，地域分散：集团企业通常拥有多家子公司，并且这些子公司可能分布在不同的地区，甚至跨越多个城市或国家。这种地域分散性给安全管控带来了极大的挑战，因为需要确保所有子企业都遵循统一的安全标准和程序。

多样化的业务类型和经营环境：集团企业可能涉及多种业务类型，如零售、餐饮、娱乐等，每种业务类型都有其特定的安全风险和管控要求。此外，不同企业所处的经营环境也可能存在差异，如城市与农村、商业区与居民区等，这些差异进一步增加了安全管控的难度。

人员管理难度大：集团企业拥有大量员工，包括企业员工、管理人员、安全人员等。确保所有员工都具备必要的安全意识和技能，并严格遵守安全规定，是一项艰巨的任务。此外，员工流动、培训不足等问题也可能对安全管控造成不利影响。

信息不对称：安全管控的情况基本上掌握在下属企业，总部很难全部掌握；总部了解的情况基本上都靠下属企业上报，信息的真实性也很难保真，往往会出现报喜不报忧，一旦抽查全是问题的怪象。

2. 企业安全隐患真归零的方法

集团通过提要求、定标准、做督导，下属企业通过企业安全管理平台App进行安全管控，让整个集团安全隐患真归零。

2.1 定标准

定管控的风险：明确下属企业需要管控的风险并进行统一管理，同时为每一个风险分配一个风险码进行线下标记。这样下属企业就明确知道自己的风险隐患有哪些，在哪儿。

定每个风险管控的内容：明确每一个风险检查的内容，并清单化；明确风险管控的频次和责任人员。

定每一个检查项的合格标准：明确风险检查清单里面的每一项的合格要求。

定每一次检查留痕的要求：明确通过五定照片或五定视频进行留痕，并明确拍摄场景时的要求。

2.2 真落实

岗位自检真落实：将安全检查交还给当事人，岗位责任人最清楚本岗位在哪里有安全风险，最知道应该怎么去避免风险，管理好风险；同时在岗位自检过程中平台通过五定技术真正夯实岗位安全责任。

安全隐患治理真落实：岗位自检时，如果发现无法处置的安全隐患，一键上报，平台自动形成治理任务并流转到治理人员待办工作台上，治理人员治理完成后上班治理结果，安全管理员全程跟踪确保已发现的隐患得到闭环治理，不让安全隐患演变成安全事故。

2.3 数据汇集

把各个下属子公司的安全管控数据进行汇集，形成集团决策报表，主要呈现如下维度的数据：

风险总况：下属公司数量、风险点数量、风险源数量、风险源管控率、隐患治理率；

管控概况：下属公司风险源管控完成率排名、下属公司隐患治理完成率排名、风险点发现隐患排名；

下属公司分布：下属公司区域分布，点击可以进入到具体下属公司的风险报表中；

风险趋势：风险源管控率趋势、隐患治理率趋势。

五、小区安全

小区是居民生活的重要场所，物业安全管控能够确保小区内的公共设施、设备和环境的安全，从而保障居民的生命财产安全，给居民提供一个安全、整洁、有序的小区环境。

1. 小区物业安全管控的难点

1.1 安全管控面广量大

小区内的基础设施和设备种类繁多，包括电梯、消防设备、监控系统、门禁系统等，这些设施和设备需要定期维护和检修，以确保其正常运转和安全性。但是，由于设施和设备数量庞大，维护难度大，加之部分业主对设施设备的保护意识不强，容易造成损坏或者故障，给物业安全管控带来困难。

1.2 安全管理过程执行不力

虽然小区物业制定了一系列安全管理制度，但是在实际执行过程中，往往存在执行不力的情况。

1.3 人员流动性和不确定性

小区内人员流动性大，包括业主、租户、访客等，不同人员的安全意识和行为习惯也不同，这给物业安全管控带来了很大的挑战。

2. 小区安全隐患真归零的方法

2.1 定标准

定管控的风险：明确需要管控的风险，同时为每一个风险分配一个风险码进行线下标记。这样巡检人员就明确知道自己需要管控的风险隐患有哪些，在哪儿。

定每个风险管控的内容：明确每一个风险检查的内容，并清单化；明确风险管控的频次和责任人员。

定每一个检查项的合格标准：明确风险检查清单里面的每一项的合格要求。

定每一次检查留痕的要求：明确通过五定照片或五定视频进行留痕，并明确拍摄场景时的要求。

2.2 真落实

工作人员巡检的时候通过五定视频或五定照片进行留痕，巡检过程中，如果遇到无法现场处置的隐患直接上报，平台自动形成治理任务并流转到治理人员待办工作台上，治理人员治理完成后上报治理结果，安全管理员全程跟踪确保已发现的隐患得到闭环治理，不让安全隐患演变成安全事故。

2.3 关键区域 AI 智能实时监测

在消防通道等重要场所安装带 AI 能力的智能摄像头，对消防通道堵塞、违规停车等安全隐患实时监测，现场声光劝诫，同时进行上报。

在电梯内安装电梯阻车智能摄像头，智能摄像头和电梯门进行联动，发现电动车上电梯，直接进行声光劝诫，同时传递信号给电梯门保持长开状态，只到电动车退出电梯。

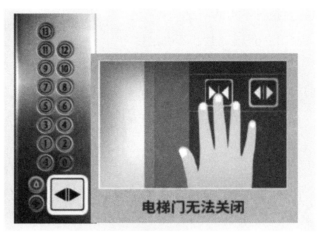

现场声光劝诫   控制电梯门

2.4 小区物业利用企业安全管控平台进行安全管控

六、社区、街镇安全

汇集家庭、路边店、企业、物业安全管控的数据，形成社区、街镇安全管控的决策大数据。

决策指挥屏幕

在社区、街镇的安全管控大屏上，对应该做安全自查而没有做自查的家庭、路边店、企业、物业在地图对应位置上标记为红点；对做了安全自查而再核对发现这个风险存在安全隐患的家庭、路边店、企业、物业在地图对应位置上标记为黄点。

社区、街镇工作人员通过手机或者大屏，立即督导相应责任人，进行"灭红训黄"，让责任人肩负起按时检查的责任，保证辖区不出红点，对黄点进行分析，消除安全隐患。让辖区内的家庭、路边店、中大型企业、小区物业的安全管控真落实、落实对，从而让辖区内的安全隐患真归零。

第七章　安全责任事项真能归零的实践

一、工业生产企业安全风险真管控

随着企业的蓬勃快速发展，"安全和发展"并行，安全生产是作为企业高质量发展的基本保障。

构建企业安全生产数智化管控平台，借助视频、五定、AI、物联、大数据等新型数字技术，达到企业安全风险真归零的目标：

第一，借助数字手段实时做到对企业安全风险"底数清，状态明"，全方位识别企业各个安全风险，掌握每个风险的全链条全生命周期情况；第二，做到风险源真查，检查行为可追溯，人人落实不作假，真正夯实风险源预防和隐患排查行为；第三，做到安全知识传播简单，快速掌握技能，让所有人都可以干好专业事情，让安全检查落到实处；第四，做到关键风险 24 小时智能值守，关键风险可以自动报警；第五，做到全面协同，风险报警实时分级报警，问题追踪到底，确保风险问题得到有效处置，避免形成事故；第六，数据真实，全面采集，实现风险的智慧分析，自动形成风险评级、自动形成排查任务，由数据驱动安全业务，避免经验决策。

1. 构建风险分级管控体系

1.1 风险管理

根据风险点划分原则，结合企业的实际情况，以生产系统为划分单元，按照工艺流程顺序或者设备设施、区域场所、系统等进行风险点划分。并对划分的风险点进行风险识别并确定风险等级。

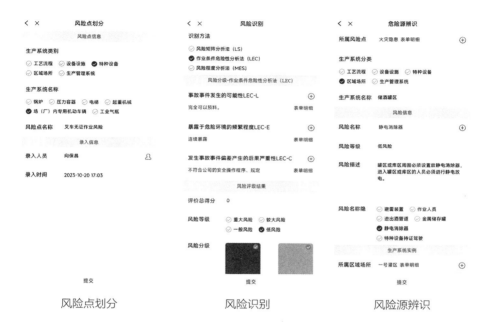

| 风险点划分 | 风险识别 | 风险源辨识 |

结合划分的风险点，识别出的风险点的风险以及具体的生产系统（如叉车1号、叉车2号……）形成具体的风险源。

风险码示意图

为识别出的每一个风险源生成一个专属风险码，并把该码粘贴在对应的位置上。

风险码主要标识风险点信息、风险信息、管控措施、管控频次、管控情况等。

1.2 风险管控

通过五定保真、实时视频、AI 分析、物联监测等数字技术手段对辨识出的风险源进行管控。

1.2.1 安全真检查

平台把安全检查任务按照管控批次、管控角色推送到岗位责任人员工作台，确保安全检查按时进行。

岗位责任人员在检查时 App 通过语音、文字、图片等方式告知岗位责任、合格标准、留痕标准。

检查完规定的内容后，对检查的结果进行扫码上报，App 通过五定防伪技术来确保真检查。

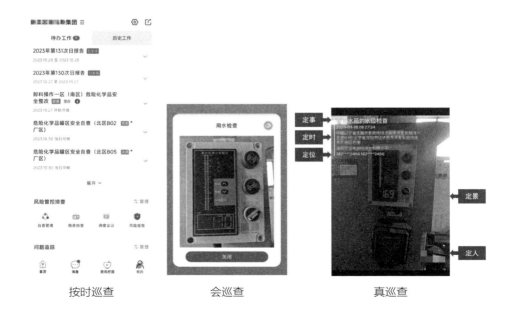

| 按时巡查 | 会巡查 | 真巡查 |

1.2.2 车间视频监控

在重点危险源区域部署智能语音对讲网络摄像机，视频信号通过网络上传到云视频服务器，视频服务器分发给有权限的客户端，管理者通过手机App、PC 端、指挥大屏实时查看，在查看过程中如果发现问题可直接与现场人员进行对讲沟通。

对已经部署了视频监控的区域，也可以通过智能转码器把现有的视频信号接入到云视频服务器。

智能语音对讲网络摄像机含 7 天本地存储，可以进行视频追溯。

视频直播　　　　　　　　语音对讲　　　　　　　　视频追溯

1.2.3 重大风险 AI 分析

把关键点位的视频信号接入到 AI 边缘计算盒子，依托 AI 边缘计算盒子的强大计算能力，实时分析是否有工作人员着装不规范（未穿工服、未戴头盔、未戴口罩）、工作人员行为不规范（抽烟、打电话、离岗）、环境异常（火焰、静电释放）、动物闯入（老鼠）的情况。

| 未戴安全帽 | 吸烟 | 玩手机 | 离岗 |
| 睡岗 | 人员摔倒 | 人员闯入 | 烟雾火苗 |

AI 能力举例

1.2.4 重大风险物联实时监测

通过有毒有害气体检测仪对喷漆车间空气中的可燃有毒有害气体的浓度进行实时监测；通过温湿度传感器对重点车间的温湿度进行实时监测；通过智能网关对防静电设备的工作情况进行实时监测。

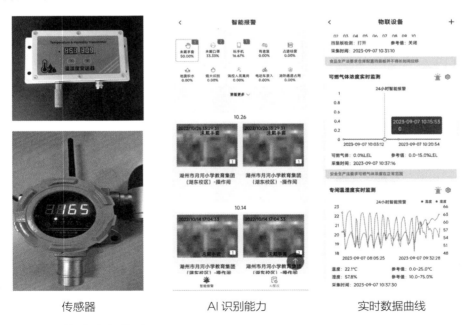

传感器　　　　　　　AI 识别能力　　　　　　实时数据曲线

1.2.5 特种设备监测

行车：通过 AI 智能摄像头实时监测行车作业区域的作业人员佩戴工作帽

的情况、固定区域违规站人的情况。

叉车：通过事故分析，目前叉车事故主要集中在无证作业和视线盲区两类。

无证作业管控：车辆启动时，场车 AI 智能网络摄像机比对当前的作业人员是否在平台下发的持证人脸库里，比对成功，下发信号给点火智审仪启动车辆；比对失败，进行声光警戒，不能启动叉车。

叉车辅助驾驶：在叉车的顶上安装两个视频图像采集仪，一个用于监测叉车前方，一个用于监测叉车后方。视频图像采集仪实时采集叉车前后的图像并传输给 AI 边缘计算盒子，进行实时分析作业区域是否有人，如果有人，进行声光提醒。

1.3 隐患上报

日常检查过程中发现安全隐患，管理者通过查看视频发现安全隐患，AI 发现安全隐患，以及物联设备发现安全隐患，全部自动上报到云平台。

1.4 多渠道通知

云平台接收到安全隐患之后，根据预置的处置规则，结合安全隐患的等级，通过电话、短信、值班室语音云喇叭、App 消息等多种渠道通知到安全隐患处置责任人员，确保每一个安全隐患都有人知道。

1.5 闭环治理

云平台接收到安全隐患之后，在给相关人员推送消息的同时，给相关人员形成安全隐患处置任务，处置人员处理完安全隐患后进行上报，管理人员可以对处置情况进行审核，对未及时处置的进行督导。

2. 构建隐患排查治理体系

隐患排查主要含常规隐患排查和专项隐患排查两类。常规隐患排查主要是为了检验复核安全风险分级管控的情况；专项隐患排查主要是在节假日、高温季节等特殊情况对某一类或几类安全风险进行排查。

平台定制排查的内容，以任务的方式下发给排查人员，排查人员在排查过程中发现隐患，上报到云平台，平台给隐患处置人员进行消息通知，同时推送整改任务给相关责任人员，整改完成上报，形成隐患处置闭环。

厂区所有工作人员如果发现安全隐患，都可以通过 App 进行上报，隐患第一时间流转到处置人员的待办工作台进行闭环处置。

3. 构建高危作业管控体系

高危作业主要是指动火作业、高处作业、吊装作业、有限空间作业、临时用电作业、动土作业、断路作业、盲板抽堵作业等作业活动。

3.1 作业前预防

作业前，对生产现场和生产过程、环境可能存在的事故隐患进行分析、评估分级，并制定相应的控制措施。

管控措施落实到位之后，通过流程进行申请，申请的时候需要把现场管控落实情况上报。

安全管理人员进行现场审核确认，达到施工要求进行流程审批。

3.2 作业中管控

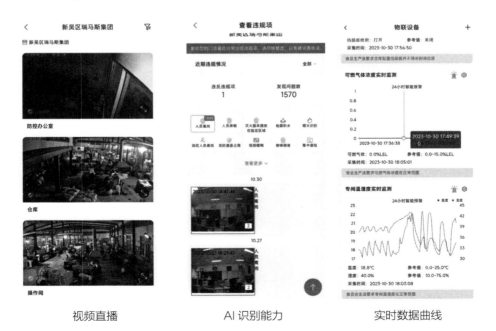

| 视频直播 | AI 识别能力 | 实时数据曲线 |

在高危作业区安装视频监控设备，可以实时查看现场情况；通过 AI 实时分析人员值守、佩戴安全帽等情况；通过物联设备实时监测空气质量、温湿度等。

发现问题，及时通过现场声光、电话、云喇叭等方式通知安全管理人员。

3.3 作业后存档

对高危作业的申请、现场管控时采集的视频图片、物联采集的数据进行存档，以便后期分析和追溯。

4. 构建员工安全意识提升体系

根据主管部门的要求以及企业安全管控的实际情况，对主要负责人和安全生产管理人员进行安全生产知识和管理能力方面的培训；对操作岗位人员进行安全教育和生产技能培训；新工艺、新技术、新材料、新设备设施投入使用前进行岗前培训。

目前在线培训平台支持图文、视频等资料。

4.1 制订学习计划

安全管理员可以针对个人或者某一批人制订学习计划，学习计划主要包括学习完某一批次学习资料或学习到足够的时长。

4.2 线上学习

在培训过程中 App 不定时进行人脸识别和"五定"防伪抓拍，抓拍后如果没有检测到人脸，暂停视频播放，并判定此次学习无效。每次抓拍都会进行留痕。

视频学习资料

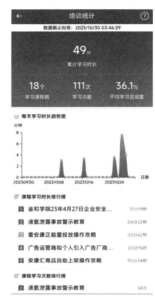

| 学习过程监测 | 学习结果统计 |

4.3 学习情况统计

学员可以查看自己的学习情况，包括学习计划完成情况、学习时长、历史学习资料等。管理者可以查看所有人员的学习完成情况。

4.4 线上考试

在线考试同样采用"五定"防伪技术，"五定"防伪拍照确认考试人员身份，抽查抓拍考试人员实时照片和记录现场环境声音，作为试卷水印保存到系统中，保证了考试过程及成绩的真实效果。

5. 构建台账报表体系

把安全生产支撑数据：安全生产目标、组织机构和职责、安全投入、法规制度、职业健康、应急管理、事故处置，以及日常检查的数据按照模板生成并打印存档。

把企业的安全管控情况按月度形成台账；台账主要包括巡检情况、视频情况、AI分析情况、物联设备监控情况；台账还包含发现隐患情况、隐患被处置情况。

把巡检的情况按照日、周、月、年维度进行报告；报告内容：巡检完成情况、过程中发现隐患情况、隐患处置情况；报告支持对内和对外两种。

6. 构建分析决策体系

大数据计算平台对巡检采集的数据、AI 分析采集的数据、物联设备采集的数据进行实时分析，形成决策报表给管理者，以便管理者进行决策。

决策报表主要呈现如下维度的数据：所有风险源的巡检完成情况；巡检过程中发现隐患情况；发现隐患被处置的情况；经常发现隐患的风险源。

指挥大屏

二、食品生产企业安全风险真管控

随着社会的稳步发展，改革开放的逐步深入，我国的食品安全工作关系着人民群众的生命安全和身体健康。伴随着国家发展的步伐，食品安全治理根据时代的发展需求，借助信息化、数字化、智能化等科技能力逐步推进数字化转型进程，形成"数字管控""科技管控"体系，大幅提高食品的安全管控的效率和能力。

构建食品安全信息化线上管理数字化系统，实现安全隐患"真归零"。

应用移动互联视频直播技术，对企业的关键工序点位进行非现场管理，现场情况实时可看，历史视频信号可查，现场违规喊话制止；应用AI数字智能技术，对关键工序点位的工作人员着装、动物闯入实时监控；应用物联数字智能技术，对关键工序点位的环境（温湿度、压差、洁净度）进行实时监控；岗位责任人员按时自查自纠，并通过五定专利技术确保按质完成；风险隐患通过消息提醒、推送整改任务、超期督办进行闭环处置。

大数据平台对"风险控制情况、非现场巡检情况、智能监控情况、岗位人员自查情况、问题处理情况等"进行数据系统分析，形成风险决策大数据，并实时展示在大屏及手机上，帮助各级管理人员进行人及事的分析并进行有效跟踪，实现隐患精确闭环治理，提升了管理效率。

1. 平台整体业务架构

对关键工序点位〔人员洗手消毒、原辅料存储、内包装、半成品贮存、成品贮存、进料、配料（预混）、投料、干混、收乳、配料、喷雾干燥和冷却降温〕安装网络视频监控设备，并通过AI分析来监控作业人员的着装规范性、是否有动物入侵等情况。

对关键工序点位〔内包装、半成品贮存、配料（预混）、投料、干混、收乳、配料、喷雾干燥和冷却降温〕安装智能物联监控设备来监测环境的温度、湿度、气压、洁净度情况。

工作人员按要求开展岗位自检，并把自检的情况进行留痕，平台通过五定专利技术来确保自查自纠真正落实到位。

企业管理人员在平台上实时查看高风险报警信息、自检信息、安全管理员非现场巡查信息、AI报警信息、问题处理信息等，从而能够有效跟踪企业内风险，做出更精准的决策。

2. 关键区域视频在线管理

2.1 在主要生产环节的重要点位部署智能语音对讲网络摄像机

干法 / 湿法工艺通用：人员洗手消毒；原辅料存储；内包装；半成品贮存；成品贮存。

干法工艺：进料；配料（预混）；投料；干混。

湿法工艺：收乳；配料；喷雾干燥和冷却降温。

2.2 实时直播

生产车间的视频信号通过专线上传到视频服务器，视频服务器分发给有权限的客户端。有权限的企业管理者和监管人员能通过手机 App、PC 端、指挥大屏实时查看生产车间的情况。

2.3 AI 智能分析

把上述关键点位的视频信号接入到 AI 边缘计算盒子，依托 AI 边缘计算盒子的强大计算能力，实时分析是否有工作人员着装不规范（未穿工服、未戴工作帽）和动物闯入（老鼠）的情况。如果发现上述情况，AI 边缘计算盒子把识别信号推送到平台，平台根据预置的规则，推送给企业安全管理员进行处置。

未戴口罩　　　　　　未戴工帽　　　　　　未戴手套　　　　　　赤膊

吸烟　　　　　　　　玩手机　　　　　　垃圾桶未盖　　　　老鼠闯入

AI 能力举例

2.4 现场喊话

通过在企业的关键点位安装语音对讲摄像头，企业管理人员通过手机可以边查看现场边与现场人员进行对讲沟通，安排事项，处置问题。

2.5 视频回放追溯

智能语音对讲网络摄像机内置 256G 存储卡，对视频流进行不少于 15 天的存储。

2.6 中控室线上巡检

通过本地管理主机将上述关键区域的视频信号显示在中控大屏上，让安保人员进行线上巡检。

3. 关键风险物联设备实时监测

3.1 温湿度实时监测

通过高精度温湿度传感器（图一）对生产环节中的：内包装、半成品贮存、配料（预混）、投料、干混、配料、投料、喷雾干燥和冷却降温的温湿度进行实时监测，并把监测的数据上传到平台。

传感器测量精度应符合相关要求，并经过计量鉴定。温度传感器测量精度为 0.1℃；湿度传感器测量精度为 1%。

根据实际的需要，设置不同生产环节的温湿度的阈值。如生乳贮存温度不超过 0℃ –7℃。

3.2 环境气压实时监测

根据要求，清洁作业区与非清洁作业区间环境气压差大于等于 10Pa。在生产环节〔内包装、配料（预混）、投料、干混、配料、喷雾干燥和冷却降温〕引入高精度压力传感器（图二），对气压进行实时监测，并把监测的数据上传到平台。

3.3 洁净度实时监测

在生产环节〔内包装、配料（预混）、投料、干混、配料、喷雾干燥和冷却降温〕安装尘埃粉尘悬浮颗粒物检测仪（图三），对上述环节的洁净度进行实时监测，并把监测的数据上传到平台。

图一　　　　　　　　　图二　　　　　　　　　图三

4. 企业责任体系真落实服务

食品生产经营企业应建立食品安全责任体系，企业主要负责人对本企业食品安全工作全面负责，依法配备食品安全员，符合条件的配备食品安全总监，协助主要负责人做好食品安全管理工作。

4.1 食品安全制度及管理体系建立

食品生产经营企业制定的食品安全管理制度原则上应包括以下方面，企业可根据实际予以调整：（一）食品安全管理机构和人员管理制度；（二）食品安全自查制度；（三）从业人员健康管理制度；（四）食品加工人员卫生管理制度；（五）培训与考核制度；（六）文件和记录管理制度；（七）进货查验记录制度；（八）生产过程控制制度；（九）食品添加剂和食品工业用加工助剂使用制度；（十）化学品使用制度；（十一）防止化学污染和物理污染管理制度；（十二）仓储和运输管理制度；（十三）出厂检验记录制度；（十四）实验室管理制度（如有实验室）；（十五）食品生产卫生管理制度；（十六）虫害控制管理制度；（十七）废弃物管理制度；（十八）设备保养和维修制度；（十九）不合格品管理及食品召回制度；（二十）食品安全信息主动报告制度；（二十一）食品安全事故处置方案；（二十二）客户投诉处理机制；（二十三）标签标识管理制度；（二十四）食品安全风险信息收集制度；（二十五）标准管理制度；（二十六）食品安全责任制;（二十七）食品安全日管控、周排查、月调度工作制度;（二十八）其他法律法规和标准要求的制度。通过制度体系管理模块，对其企业拟定的制度进行维护及公示。

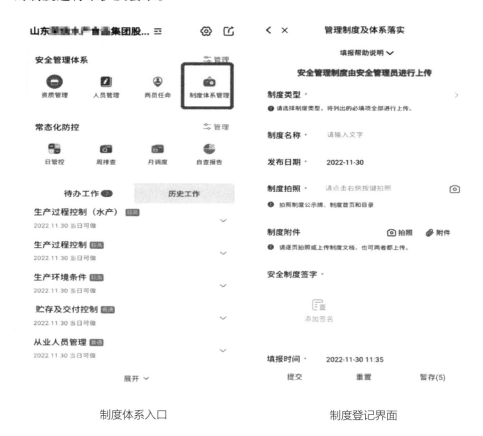

制度体系入口　　　　　　　　制度登记界面

4.2 食品安全员落实日管控

根据不同的企业构建不同的日管控清单，平台根据管控清单形成日常检查任务并推送给岗位责任人员。岗位责任人员在检查过程中平台提供碎片化的指导，让岗位责任人员知道怎么检查，同时通过五定防伪技术来确保岗位责任人员检查落实到位。安全管理员对检查情况进行督导。

碎片化指导

日管控报告

4.3 食品安全总监落实周排查

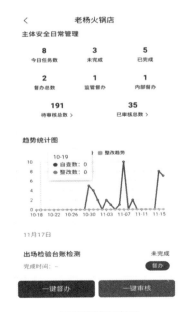

日管控情况查看

食品安全培训

食品安全总监负责管理、督促、指导食品安全员按照职责做好相关工作，组织开展职工食品安全教育、培训、考核。

4.4 企业负责人落实月调度

企业主要负责人每月听取工作汇报，形成《每月食品安全调度会议纪要》。

5. 产品质量追溯服务

5.1 重点原辅料追溯

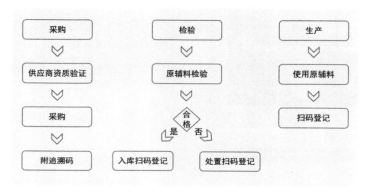

原辅料追溯流程

5.1.1 原辅料供货单位管理

对原辅料供货单位进行统一管理，并对供货单位的资质进行审查。

5.1.2 原辅料进货赋码管理

对原辅料进行登记，主要包括供货商、采购证票、产品名称、数量、规格、生产日期、保质期等信息。

对登记的原辅料生成唯一的追溯码，并粘贴在原辅料的外包装上，后续所有的检验、投料都扫码登记。

5.1.3 重点原辅料逐批检验

对进货的原辅料进行逐批检验，并扫码上报检验结果。

5.1.4 原辅料使用登记

每次投料都进行扫码登记，通过扫码直接获取原辅料的相关信息，并登记此次的用量。

5.2 食品添加剂管理

在平台中就基粉的使用情况进行登记。

5.3 抽检管理

每次抽检信息在平台进行登记，主要包括：抽检产品名称、型号、规格、产品数量、抽检数量、合格数量、不合格数量、抽检是否合格、处理措施、抽检人、核对人等信息。

5.4 应急召回

依法对不合格产品进行召回，并进行上报，上报信息主要包括：产品名称、批次及数量、不安全项目、产生的原因、通知相关生产经营者和消费者情况、召回产品处理记录、整改措施的落实情况等。

6. 风险隐患分级闭环处置服务

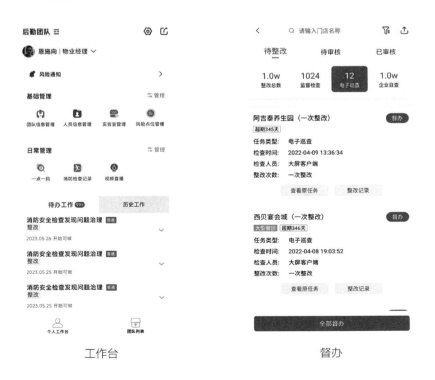

工作台　　　　　　　　　　　　　　督办

将 AI 边缘计算盒子捕捉的风险隐患、物联传感发现的隐患（温湿度、压差、洁净度）、许可证到期等风险隐患，设计风险分析模型，对风险信息进行自动分析分级。对一般风险预警信号由安全员处置；对中风险预警信号由安全总局处置。

根据风险隐患的分级，确定责任人员后，推送整改任务或督导任务给相关责任人员，相关责任人员确保整改到位后，对整改情况进行上报。

对长时间没有响应的任务，可以进行一键督导。

7. 企业非现场监管服务

7.1 各生产环节现场情况实时掌握

通过网络把车间视频接入到云端，管理者通过手机 App 就可以实时看到生产车间的视频画面，发现违规，可以进行喊话，进而通过视频全面实时地掌握生产车间情况。

7.2 各生产环节环境情况实时掌握

在 App 上呈现生产车间的温度、湿度、压力、洁净度近 24 小时内的数据变化曲线。并把异常的时间段用红色进行标识，让管理者全面掌握各环节的环境情况。

7.3 企业自查自纠情况全面掌握

企业管理者在手机 App 上查看企业每日做的检查台账以及监管部门需要上报采集的数据。

三、科研院所实验室安全风险真管控

实验室因为科研的需求，会频繁地接触易制毒、易制爆等危化品，会频繁进行微生物实验、真菌毒素实验，如果不严格按照操作规程进行操作，会给实验人员的人身财产带来巨大的风险；如果对危废的处置不当，会给环境带来巨大的污染隐患，实验室的安全显得尤为重要。

通过引入数字化风险管控平台来实现实验室的安全风险管控智慧化升级。

建立风险体系，找到实验室目前存在的风险点，并进行线下标记。

通过平台"信息真采集"技术让岗位责任人员在进行日巡查、月自查时真实留痕，逐渐规范检查作业；引入视频采集技术和 AI 智能识别技术，自动识别生化实验室人员穿戴问题，确保有风险及时发现并进行有效的提醒，从而逐渐养成人员的安全意识；引入危化品存储柜"点火智审"锁，每次开锁都需要进行人脸认证，只有权限认证通过方可打开危化品存储柜，从源头控制风险。

各个团队首席能在手机上清晰地看到自己实验室风险控制情况，生化实验室的实时视频画面；所长和安委会领导能在手机和大屏上实时查看所有团队风险控制情况，以及所有生化实验室的实时视频画面。

1. 风险点识别

总共识别出 8 大类、26 小类风险，详细情况如下：

风险环节	风险点位	风险等级	检查频次	控制手段
安全责任落实	安全标志风险	一般风险	每月一次	安全员自检
	安全制度完整性风险	一般风险	每月一次	安全员自检
环境卫生	实验室环境卫生风险	一般风险	每天一次	安全员自检
	自习室环境卫生风险	一般风险	每天一次	安全员自检
	库房环境卫生风险	一般风险	每月一次	安全员自检
人员行为	人员安全培训风险	一般风险	每月一次	安全员自检
	人员穿戴风险	较高风险	每天一次	智能高清网络摄像机 +AI 识别
实验设备	高温设备风险	较高风险	每季度一次	安全员自检
	特殊设备风险	较高风险	每季度一次	安全员自检
	高速设备风险	较高风险	每季度一次	安全员自检
	高压设备风险	较高风险	每季度一次	安全员自检
	气瓶放置风险	较高风险	每季度一次	安全员自检
	通风设备风险	较高风险	每季度一次	安全员自检

风险环节	风险点位	风险等级	检查频次	控制手段
危化品存储使用	易制毒化学品存储保管风险	高风险	每天一次	存储柜"点火智审"
	易制爆化学品存储保管风险	高风险	每天一次	存储柜"点火智审"
	真菌毒素存储保管风险	高风险	每天一次	存储柜"点火智审"
	易制毒化学品盘点风险	一般风险	每月一次	安全员自检
	易制爆化学品盘点风险	一般风险	每月一次	安全员自检
	真菌毒素盘点风险	一般风险	每月一次	安全员自检
消防安全	消防通道风险	较高风险	每天一次	安全员自检
	灭火设备配备风险	较高风险	每月一次	安全员自检
用电安全	用电风险	较高风险	每天一次	安全员自检
生物安全	废液收集罐风险	较高风险	每天一次	安全员自检
	危废暂存区风险	高风险	每天一次	安全员自检

根据上面的 26 类风险点,对每个实验室存在的风险建立风险点位库,并在平台进行统一管理。根据录入的风险点位,为每个点位生成专属风险码,并把风险码张贴到线下的风险点位上进行标识。

2. 一般风险——人员穿戴通过"视频 +AI"智控

在生化实验室的关键位置安装智能高清网络摄像机,并通过"人工智能违规识别技术"对日常工作中实验人员不按规定穿戴的行为数据进行收集和标注,经过深度学习训练,构建违规识别算法模型,让视频采集仪器具有识别该违规的能力。

通过对摄像机的视频数据进行人工智能分析,及时发现问题,形成违规截图和信息,并第一时间向团队安全员和安委会工作人员推送,以便进行后续处置。

通过 AI 应用驱动自动通知、督促整改、自动审核,实现真正的机器代人,可应用于各种领域的关键风险监控。

违规记录　　　　　　　　　　　　违规详情

3. 高危风险——危废暂存处置通过"视频 +AI"智控

在危废暂存区安装智能高清网络摄像机，并通过"人工智能违规识别技术"对危废暂存区的图像进行收集和标注，经过深度学习训练，构建违规识别算法模型，让视频采集仪器具有识别该违规的能力。

通过对摄像机的视频数据进行人工智能分析，及时发现问题，形成违规截图和信息，并第一时间向团队安全员和安委会工作人员推送，以便进行后续处置。

通过 AI 应用驱动自动通知、督促整改、自动审核，实现真正的机器代人，可应用于各种领域的关键风险监控。

4. 高危类风险——易制毒易制爆危化品存储保管通过"视频 + 物联设备"进行智控

4.1 易制毒、易制爆危化品存储室视频监控

在易制毒、易制爆危化品存储室安装智能高清网络摄像机进行 24 小时实时监控，摄像机支持 7 天回放查看。

视频查看　　　　　　　　　　　　　回放查看

4.2 易制毒、易制爆危化品存储柜物联设备智控

易制毒、易制爆、真菌毒素等危化品的存储必须采取专柜，且必须双人双锁。

普通的锁，很容易造成实验人员直接拿着钥匙在没有安全员在场的情况下开锁并取出实验试剂。

通过引入"点火智审"锁,在开锁之前,安全员必须通过人脸进行身份认证,且必须认证通过才能打开锁,从而有效地保证所有的开锁行为都是在安全员的监督下完成。

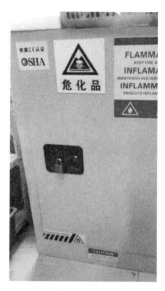

易制爆存储柜

智能锁

人脸认证

5. 高危类风险——易制毒易制爆危化品使用的控制

5.1 易制毒、易制爆危化品全链管理

在系统中建立易制毒、易制爆、真菌毒素等危化品目录。

所里面购买危化品之后,入库之前进行登记,并为每一个危化品生成一个"一品一码",码主要包含危化品的唯一编号、危化品名称、体积重量。同时把码粘贴在危化品存储瓶上。

后续所有的操作(团队老师从院所里面领取、入柜、学生领用、学生归还、空瓶处置、盘点)都进行扫码登记留痕。

γ-丁内酯

34857639487XXXX

"一品一码"示意图　　　　　　　　入柜详情

5.2 团队危化品存量查询

学生在做实验之前，可以在系统中查询即将要使用的危化品在保存柜里面的存量，如果存量不足，提前通知老师从所里面领取。

5.3 危化品使用异常预警

系统定时分析危化品的领用登记和归还登记记录，如果发现异常，给安全员进行消息预警，以便安全员及时进行处置。

6. 日常类风险点控制

团队每周对实验室进行卫生打扫后，值日人员通过"五定防伪专利技术"来上报留痕，确保检查真实有效。

值日人员每月对消防设备进行检查，对实验室设备，如气瓶、高温设备、高压设备、高速设备检修检查，并通过"五定防伪专利技术"来上报留痕，确保检查真实有效。

7. 团队首席的线上管理

团队首席能看到自己团队实验室风险点检查情况；能看到人员穿戴违规

情况；能看到生化实验室的在线视频情况；

8. 所长和安委会成员的线上管理

所长和安委会领导在大屏上查看风险总况，主要包括团队情况、风险点位情况、昨天和最近一个月的风险情况以及视频、AI、风险趋势。

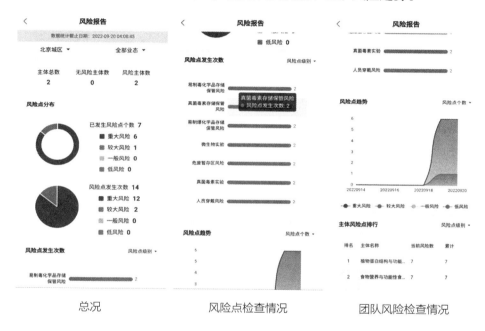

| 总况 | 风险点检查情况 | 团队风险检查情况 |

四、智慧农业安全风险真管控

随着水产养殖业迅速发展，养殖品种、养殖方式以及养殖水体类型逐渐呈现多样化，养殖管理的难度也在不断地增加。水质的好坏会影响水产品的质量与安全，对水质各项参数（水温、水位、氨氮、pH、溶解氧、盐度、浊度）进行监测并及时调控可以降低30%—40%的水产品死亡率，并为水产品提供良好健康的生长环境。

目前，国内水产养殖中的水质监测大部分处于人工取样、化学分析的人工监测阶段，甚至仅靠经验进行估测，这种方式存在耗时费力、精确度不高、风险隐患预警不及时等局限性，无法满足现代水产养殖业的发展。

随着智慧农业的兴起，数字技术的高速发展，智慧水产养殖成为可能。

1. 整体业务框架

利用数字技术让检查内容清单化、检查要求标准化、检查频次任务化、检查留痕五定保真，从而让池塘巡更人员的日常巡更真落实。

在渔业池塘的关键位置安装视频监控设备，对池塘进行 24 小时不间断视频监控。并映入 AI 能力，对人员非法闯入等情况进行实时不间断巡检。

在池塘的关键区域安装物联传感设备，对水质的 pH 值、温度、盐度、溶解氧、亚硝酸盐、氨氮浓度进行实时监测。

风险隐患直接上报，形成任务推送给相关责任人员，形成闭环治理。

大数据平台计算池塘风险隐患管控情况、发生情况、整改情况、能耗情况并呈现给管理者。

整体业务框架

2. 池塘日常巡更真落实服务

为每个渔业池塘建立一个专属码并粘贴在池塘边上；巡更人员对池塘巡查时，扫码查看需要巡检的内容清单，以及巡检的标准，巡检完成后通过五定照片或五定视频进行留痕。

巡更时，如果发现隐患，及时线下处置，如果发现无法处置的隐患，进行上报，平台会形成整改任务并推送给相关工作人员。相关工作人员进行线下整改，并对整改的结果进行上报。

3. 渔业水质实时监测服务

3.1 水质溶解氧实时监测

氧气是水中鱼虾贝类赖以生存的基础。养殖水体中的溶解氧不够时，会使鱼虾贝类生长变慢，易发疾病，重则浮头死亡；养殖水体中的溶解氧超标，又会引起鱼虾贝类产生气泡病。适宜的溶氧量（5—8mg/L）对水产养殖鱼虾贝的生长生存至关重要。

引入水质溶解氧监测器，对水体的溶解氧饱和度、浓度、温度进行实时监测，并把采集的数据通过渔业智能网关上传到云平台。

 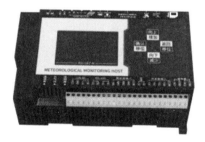

水质溶解氧监测器　　　　　　　　　　　　渔业智能网关

3.2 水质 pH、氨氮实时监测

水质 pH 值是淡水养殖的重要指标，pH 值一般控制在 6.5—9.0 之间，最佳 pH 值范围为 7—8。水质 pH 值过低会削弱养殖鱼虾血液载氧能力，从而导致鱼虾出现缺氧症状，经常浮头，且生长受阻或患病；水质 pH 值过高会使水体呈现碱性，造成鱼虾出现氨中毒现象。

氨氮是指水中以游离氨（NH_3）和铵离子（NH_4^+）形式存在的氮。我国渔业水质标准总氨氮含量应不超过 0.2mg/L。当水体氨氮大于 0.2mg/L 时，会导致水体富营养化；分子氨浓度达到 0.2—0.5mg/L，则对鱼类有轻度毒性，使其体表黏液增多、出血、食欲减退；分子氨的浓度长期超过 0.5mg/L，则将影响鱼虾的生长繁殖，严重的将中毒致死亡。

引入水质氨氮、pH、温度三合一监测器，对水体的氨氮、pH、温度进行实时监测，并把采集的数据通过渔业智能网关上传到云平台。

3.3 水质亚硝酸盐实时监测

水质的亚硝酸盐含量一般要求在 0.1ppm 以下。亚硝酸盐的含量过高时会使水中的鱼虾蟹类出现呼吸困难、游动缓慢、鳃部受损变黑等缺氧症状，甚至出现"游塘""浮头""偷死""冒底"等现象。

引入亚硝酸根离子监测器，对水体的亚硝酸根离子进行实时监测，并把采集的数据通过渔业智能网关上传到云平台。

3.4 水质 ORP 实时监测

在养殖过程中，水中生物的残饵、粪便、池底有机质淤泥等还原性物质增多就会导致电位被拉低，使得水体表现出还原性。当氧化还原电位环境为 –200—–250mV，会有大量的 NH_3、H_2S、NO_2 等还原态的物质出现。当氧化还原电位环境为 –300—–400mV，底泥处于极度缺氧状况，专性厌氧产甲烷菌即开始分解底泥中的有机质产生甲烷。这些有毒有害物质，在鱼体内积累，导致养殖水产品大批量死亡。因此，在水产养殖中，要避免水质的还原性过低。

引入水质 ORP 监测器，对水体的 ORP 进行实时监测，并把采集的数据通过渔业智能网关上传到云平台。

3.5 水质盐度实时监测

水质中合适的盐度（2—3g/L）对淡水鱼类维持体内渗透压，维持机体代谢至关重要。但是如果盐度过大，会导致鱼体身体机能紊乱，渗透压发生很大的变化，造成鱼类直接死亡。

引入水质电导率、温度、盐度、TDS 四合一监测器，对水域电导率、温度、盐度、TDS 进行实时监测，并把采集的数据通过渔业智能网关上传到云平台。

3.6 现场实施

现场实施时，通过浮球浮漂和防水支架把上述传感器固定到池塘中。

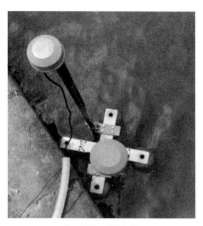

传感器实际实施

3.7 风险隐患自动处置

在云平台分别设置水体的溶解氧饱和度、浓度、温度、pH值、氨氮、亚硝酸盐、ORP、盐度的预警阈值。云平台根据设置的规则，实时计算渔业智能网关上报的传感器采集的数据，研判是否有水质相关的风险隐患发生，如果发现风险隐患，自动进行处置：

（1）根据紧急程度分别通过电话、值班室喇叭广播、App消息通知相关责任人员，让隐患第一时间被知道。

（2）形成隐患治理任务并推送到相关责任人员的工作台，让隐患得到闭环治理，不带病生产。

（3）如果已经安装自动控制设备，平台推送信号给渔业点火智审器，启动增氧机给池塘增氧、启动换水机给池塘换水。

4. 关键区域视频线上巡检服务

4.1 渔业养殖区域入口自动巡检

在渔业区域的入口安装全彩全景枪球智能一体机。

一体机支持双路区域入侵侦测、越界侦测、进入区域侦测和离开区域侦测等智能侦测。当有人进入后，自动语音提醒："您已进入视频监控区域，请注意安全"；同时在中控室大屏进行提醒，值班人员进行判断是否为非法闯入，若为非法闯入，进行语音驱赶。

一体机内置双路加热玻璃，具有除雾功效，有效适应水域环境。

4.2 渔业养殖区域监控

在渔业池塘的关键位置安装智能变焦网络摄像机，并通过有线网络连接到中控室，从而对池塘的情况进行 24 小时实时监控。

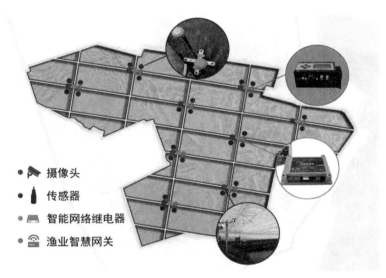

- 📹 摄像头
- 🔋 传感器
- 💻 智能网络继电器
- 📡 渔业智慧网关

实际安装示意图

4.3 视频存储追溯

硬盘录像机实时记录监控系统视频数据，并存储 1 个月。配合监视器或电视墙用于终端显示及调取录像。

4.4 电视墙

在中央机房建设电视墙，并配备一台服务器连接硬盘录像机，分区显示视频终端画面以及查看回放。

5. 非现场管理系统

5.1 渔业池塘水质情况实时掌握

在手机 App 上呈现每个池塘的溶解氧饱和度、浓度、温度、pH 值、氨氮、亚硝酸盐、ORP、盐度近 24 小时内的数据变化曲线。

并把异常的时间段用红色进行标识，让管理者全面掌握池塘水质的情况。

5.2 渔业池塘视频情况实时掌握

通过视频变送器把鱼塘视频接入到云端，管理者通过手机 App 就可以实时看到池塘的视频画面，进而通过视频全面实时地掌握池塘情况。

5.3 巡更情况实时掌握

对巡更的内容进行汇总并在手机 App 上呈现给管理者，管理者可以查看单个池塘最近一段时间的巡更情况，也可以查看单天所有池塘的巡更情况。

5.4 渔业池风险情况实时掌握

给管理者呈现风险隐患管控情况（物联传感器工作情况、工作人员巡更到场情况）；风险隐患发现情况（物联传感器发现的风险隐患和工作人员巡更过程中发现的风险隐患）；风险隐患整改情况（发现的风险隐患被整改的情况）。让管理者全面掌握池塘的风险隐患情况。

5.5 应急指挥平台

在指挥大屏上给管理者呈现池塘的实时视频情况、实时水质情况、巡更情况、能耗综合分析情况等信息。

对当前正在发生风险隐患的池塘进行高亮展示。

五、建筑工地安全风险真管控

建筑行业是我国国民经济的重要物质生产部门和支柱产业之一，和我们的生活息息相关。为了确保建筑工地安全生产，国家和地方政府相继出台了相关安全生产的法律法规；有效落实安全生产管控，避免施工活动中给劳务工人带来伤亡是企业应尽的义务；同时落实安全生产管控，也能有效降低企业的经济损失，提升企业的声誉和形象。

建筑工地影响安全的因素（机械设备、材料和环境等）众多，且存在多个工种交叉作业的情况，加之务工人员结构复杂，安全意识参差不齐，大大增加了安全管控的复杂度和难度。

随着科技的发展，工地逐渐引入视频监控设备对工地进行监测、引入环保监测设备对环境进行检测、引入传感器对大型机械进行监测，提升了安全管控效率。但是由于信息分散，安全管理者无法整体了解到工地的安全情况，同时由于信息孤岛，公司无法看到各个项目组的安全管控情况，导致公司领导无法掌握工地的安全情况，更无法做出有效的决策。

构建体系化、立体化、精确化的工地安全生产智控方案，同时建立"纵向到底，横向到边，责任到人"的责任体系，实现对人、机、料、法、环的全方位实时管控，变被动"人防"为主动"技防"，提高工程施工效率，降低成本，保障安全和环境。

第一，利用数字技术对安全生产风险进行精确管控。

全方位识别企业全部安全风险，掌握每个风险的全链条全生命周期情况；通过五定确保全部岗位风险自检、隐患排查、专项巡查真实有效进行，做到风险源真查，检查行为可追溯，人人落实不作假；通过 AI 审核等智能手段分析检查的内容，确保检查对路；检查发现的隐患进行全面协同，实时分级报警，问题追踪到底，确保风险问题得到闭环处置，避免形成事故；数据真实、全面采集，实现风险的智慧分析，自动形成风险评级，由数据驱动安全业务，避免经验决策。

第二，利用数字技术对安全生产活动进行精确管理。

利用 AI 人脸识别摄像机实时记录人员出入工地和进入施工区域的情况；利用数字技术五定拍照或五定视频对劳务工人的安全教育培训进行现场留痕。

第三，利用数字技术进行安全生产多层级决策。

数据整合，实现风险的智慧分析，自动形成风险评级，由数据驱动安全业务，避免经验决策；数据汇集，公司项目众多、分散，总部要全面实时掌握各个项目组的安全情况。

1. 安全生产风险精确管控体系

安全生产风险精确管控体系主要包含四个部分：风险点全覆盖、五定真检查、隐患闭环治理、人工智能审核。

风险点全覆盖：借助数字手段对工艺流程、区域场所、设备设施、生产管理系统进行分析，识别所有的安全风险并掌握每个风险的全链条全生命周期情况。

五定真检查：利用数字技术五定真查，真实有效地落实岗位风险自检，让所有的风险都处于被管控状态。

隐患闭环治理：检查过程中发现隐患，消息通知相关责任人员，同时形成整改任务给治理人员进行闭环治理，不让隐患演变成事故。

人工智能审核：平台对五定真检查的内容进行 AI 审核，发现检查不对的情况形成整改并督促重新检查。

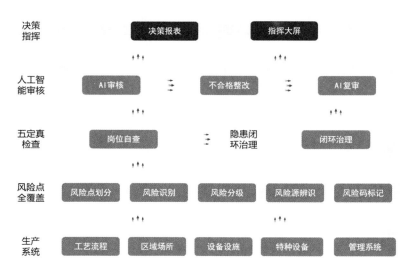

安全生产风险精确管理体系业务框架

1.1 风险点全覆盖

构建公司标准风险库和项目组私有风险库,让项目组在完成公司要求的同时还能根据项目的实际情况进行更高效的风险管理。识别所有的风险源并进行现场标记,让安全管理人员清晰地知道管什么(风险源清单),在哪儿管(风险码现场标记),应该怎么管(检查清单、检查频次、检查标准)。

1.2 公司标准风险库

从智慧安全平台获取已有的风险点和检查清单作为公司的标准风险库。包含:高处作业吊篮、基坑工程、模板支架、高处作业、临时用电、物料提升机、施工升降机、厂站、塔式起重机、起重吊装、施工机具、施工消防、有限空间、钢结构网架和膜索结构安装、安全管理、人工挖孔桩、文明施工、职业健康、扣件式钢管脚手架、装配式混凝土预制构件安装、门式钢管脚手架、建筑幕墙安装、碗扣式钢管脚手架、拆除工程、承插型盘扣式钢管脚手架、满堂脚手架、悬挑式脚手架、附着式升降脚手架等28个大类、283个小类、1141个检查项;其中一般隐患987项、重大隐患154项。

1.3 项目组个性风险库

项目组根据自己的实际情况,尤其是当前项目所处的阶段,依据公司标准风险库形成项目组自己的风险库,建设过程中若发现公司标准库不能满足,自己进行补充,并后续补充到公司标准风险库中。

1.4 风险源辨识

依据风险库,结合具体的生产系统(如具体的设备、楼宇、生产工序)形成具体的风险源。

1.5 风险源标识

为识别出的每一个风险源生成一个专属风险码,并把该码粘贴在对应的位置上。

风险码主要是标识风险点信息、风险信息、管控措施、管控频次、管控情况等。

2. 五定真检查

通过五定技术来确保岗位风险自查、隐患排查真实有效落实，并通过流程化的处置让发现的隐患得到闭环治理。

2.1 岗位风险自查

岗位责任人最清楚本岗位在哪里有安全风险，最知道应该怎么去避免风险、管理好风险，岗位责任人是风险管控的关键环节，只要岗位落实好安全责任就会有效降低安全事故的发生，保障企业正常安全生产，平台通过五定技术真正夯实岗位安全责任。

平台把要通过岗位自查进行管控的风险源形成自查任务按照管控批次推送到岗位责任人员工作台，确保自查按时进行。

岗位工作人员在检查过程中 App 会通过语音、文字、图片等方式告知岗位自检的注意事项和内容，确保自检人员会检查。

检查完规定的内容后，对检查的结果进行扫码上报，App 通过五定技术来确保真实自查。

2.2 安全风险共治

鼓励劳务工人共同参与工地安全管控工作，形成共建、共治、共享的良好局面。在工地各个醒目的位置（楼栋的出入口）粘贴风险二维码，劳务工人如果发现风险隐患，扫码进行上报，扫描时可以选择实名或者匿名。平台自动形成治理任务给项目组隐患治理人员，同时推送消息给项目组和公司的安全管理人员。风险隐患最终被确认，对相关上报人员进行奖励。

2.3 实时视频线上巡查

在重点区域部署智能语音对讲网络摄像机，视频信号通过网络上传到云视频服务器，视频服务器分发给有权限的客户端，管理者通过手机 App、PC 端、指挥大屏实时查看，在查看过程中如果发现问题可直接与现场人员进行对讲沟通。

对已经部署了视频监控的区域，也可以通过智能转码器把现有的视频信号接入到云视频服务器。

智能语音对讲网络摄像机可进行本地存储，实现远程视频回放追溯。

安全管理者在手机或电脑上进行线上巡检，发现隐患直接截图标记并下发给隐患治理人员进行闭环治理。

视频线上巡检

2.4 隐患闭环治理

日常巡查过程中发现安全隐患，管理者通过查看视频发现安全隐患，AI发现安全隐患，全部自动上报到云平台。

云平台接收到安全隐患之后，根据预置的处置规则，结合安全隐患的等级，通过电话、短信、值班室语音云喇叭、App消息等多种渠道通知到安全隐患处置责任人员，确保每一个安全隐患都有人知道。

云平台接收到安全隐患之后，在给相关人员推送消息的同时，给相关人员形成安全隐患处置任务，处置人员处理完安全隐患后进行上报，管理人员可以对处置情况进行审核，对未及时处置的进行督导。

2.5 检查台账

把企业的风险点的检查情况按月份形成台账；台账主要包括巡检情况、发现隐患情况、隐患被处置情况，台账支持导出存档。

3. 人工智能审核

3.1 关键风险 AI 复审

把关键点位的视频信号接入到 AI 边缘计算盒子，依托 AI 边缘计算盒子的强大计算能力，实时分析安全隐患，目前支持 AI 模型有 2000 种，举例如下：

安全着装识别：安全帽识别，反光衣识别，工服识别，皮肤裸露识别；

环境风险识别：烟雾识别，明火识别，裸土识别，车辆喷淋识别；

人员行为识别：人员离岗，吸烟，打电话，人员闯入，人员摔倒。

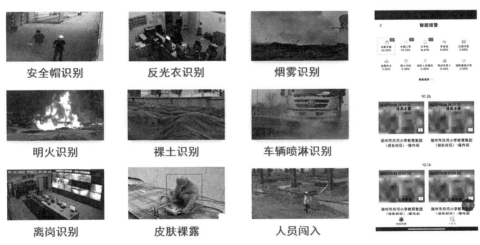

AI 模型

3.2 不合格检查整改

AI 审核发现检查不合格时，平台给检查人员形成整改任务并推送到代办工作台，同时通过 App 消息进行通知。

检查人员必须进行再次检查并上报检查情况，直至复审通过。

4. 安全生产活动精确管理体系

4.1 劳务工人入场时实名登记

从公司现有的劳务实名制系统同步劳务工人的基本情况，包括：姓名、年龄、身份证号、人脸信息、所属劳务公司信息等。

4.2 劳务工人安全教育培训真落实

项目组在给劳务工人进行入场三级教育、每周一安全教育、班组长每周培训、特殊工种专题教育的时候，利用数字技术五定照片或五定视频进行现场留痕，同时选择参与培训的人员和班组，培训记录自动和班组以及参与培训的每一个劳务人员进行关联。

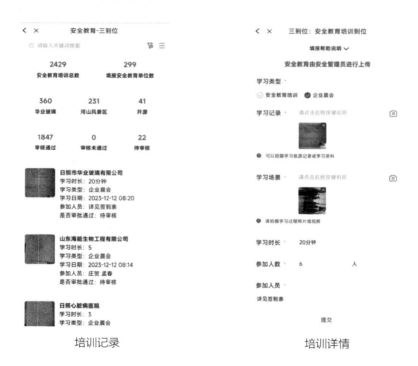

培训记录　　　　　　　　　　培训详情

总部可以给各个项目组部署培训任务，项目组在完成培训任务的时候进行留痕登记。

培训任务　　　　　　　　　　　培训情况登记

4.3 工地人员活动情况精确管理

在工地的出入口安装 AI 人脸识别摄像机，在施工区域的入口安装带自动巡航功能的 AI 人脸识别摄像机 Plus。

平台自动下发劳务工人的人脸到 AI 人脸识别摄像机，AI 人脸识别摄像机实时抓拍现场的人员并和人脸库进行比对，比对结果进行如下处置：

（1）识别结果作为劳务人员的考勤记录并和个人进行关联，形成劳务工人的出入台账；

（2）当劳务工人进入施工区域时，分析进入的劳务工人是否已经进行相关安全教育培训，如果没有则消息预警给项目组和公司的安全管理人员；

（3）发现陌生人员，消息推送给项目组的安全管理人员，并推送现场处置任务，项目组安全管理人员必须现场处置。

5. 安全生产多层级分析决策体系

大数据计算平台对巡检采集的数据、AI分析采集的数据、培训数据进行实时分析，并通过聚合数字技术形成决策报表呈现给管理者进行决策。

5.1 项目级决策报表

决策报表主要呈现如下维度的数据：

风险总况：风险点数量、风险源数量、风险源管控率、隐患治理率；

管控概况：风险点管控情况、隐患治理情况、风险源发现隐患情况；

风险趋势：风险源管控率趋势、隐患治理率趋势。

项目级决策大屏

5.2 公司级决策报表

决策报表主要呈现如下维度的数据：

风险总况：项目组数量、风险点数量、风险源数量、风险源管控率、隐患治理率；

管控概况：项目组风险源管控完成率排名、项目组隐患治理完成率排名、风险点发现隐患排名；

项目组分布:项目组区域分布,点击可以进入到具体项目组的风险报表中;

风险趋势:风险源管控率趋势、隐患治理率趋势。

六、餐饮安全治理实践

2014年1月,习近平在内蒙古考察大型乳制品企业时强调,食品企业要生产出高质量的放心食品,确保人民群众"舌尖上的安全"。

2015年6月,习近平在贵州考察时,进入停车服务区的小超市,询问食品保质期。

2017年1月,习近平在河北张家口考察婴儿乳品生产企业时强调,食品安全关系人民身体健康和生命安全,必须坚持最严谨的标准、最严格的监管、最严厉的处罚、最严肃的问责,切实提高监管能力和水平。

2020年5月,习近平参加十三届全国人大三次会议内蒙古代表团审议时强调,要始终把人民安居乐业、安危冷暖放在心上,用心用情用力解决群众关心的就业、教育、社保、医疗、住房、养老、食品安全、社会治安等实际问题,一件一件抓落实,一年接着一年干,努力让群众看到变化、得到实惠。

"菜篮子""米袋子""果盘子",都是事关民生的大事。

一路走来,总书记看得仔细,问得详细,"严"更是他在关于食品安全的讲话中使用的高频词之一。

但是餐饮数量多、类型复杂,从业人员多而杂、工作环节多、操作程序复杂等多方面,从经营合规性、场所卫生管理、设备管理、人员管理、食材管理、加工过程、清洗消毒、厨余处理等多个环节都会造成食品污染等食品安全问题。

我们通过企业安全管控平台的实例,来看看到底是如何实现餐饮安全治理的。

1. 风险全覆盖

首先是定义餐饮行业所存在的风险点,应该如何规避和治理。企业安全管控平台对餐饮安全的风险点进行了全面分析，确定了每一个风险点的风险程度、所需检查频次、检查的具体标准和检查形式等内容，一张图表涵盖了餐饮企业 99% 的风险情况。

检查内容（详细）	检查手段	检查角色	检查频次	检查方式	业态领域	业态分类
在经营场所醒目位置公示食品经营许可证、上一次日常监督检查（结果）记录表。	证件管理台账	食品安全管理员	1次/季度	拍摄在经营场所醒目位置公示食品经营许可证和上一次日常监督检查（结果）记录表	餐饮	全业态
学校食堂在显著位置统一公示从事接触直接入口食品工作的从业人员健康证明。	证件管理台账	食品安全管理员	1次/季度	拍摄学校食堂在显著位置统一公示从事接触直接入口食品工作的从业人员健康证明	餐饮	单位食堂（学校食堂）
学校食堂公示食品原料进货来源、供餐单位等信息。	证件管理台账	食品安全管理员	1次/季度	拍摄学校食堂公示食品原料进货来源和供餐单位等信息。	餐饮	单位食堂（学校食堂）
食品经营许可证合法有效，经营地址（实体门店）、经营项目与食品经营许可证一致，无超范围经营行为。	证件管理台账	食品安全管理员	1次/季度	录入食品经营许可证信息	餐饮	全业态
进货时查验食品经营许可证和随货证明文件(具有食品、食品添加剂、食品相关产品的随货证明文件、每笔购物或送货凭证)，如实记录有关信息并保存相关凭证。	进货查验台账	食品安全管理员	无	录入进货信息	餐饮	全业态
采购畜禽肉类的，具有动物产品检疫合格证明等相关证明文件。采购猪肉的，还具有肉品品质检验合格证明。	进货查验台账	食品安全管理员	无	录入进货信息	餐饮	全业态
禁止采购不符合食品安全标准的食品原料、食品添加剂、食品相关产品。禁止采购、贮存、使用无合法标识，超过保质期，无合法来源。	进货查验台账	食品安全管理员	无	录入进货信息	餐饮	全业态

风险清单

2. 提升从业人员安全意识

企业安全管控平台通过对怎么做才能规避风险点进行了深入的调研和探究，形成了一系列图文学习资料和对应的视频培训材料，统一在平台上设立了餐饮业态的培训入口，让每一位餐饮从业人员，都能够从中学习到"专家级"的餐饮知识，同时培训具备配套的五定防伪学习功能，让每一位"学员"都能够真真正正地学习到知识。

3. 建立安全管控岗位责任真落实机制

安全员每天按需登记进货查验、消毒记录、厨余垃圾、晨检记录、食品留样、酒农药残留、除虫灭害、菜肴烹饪、紫外线消毒、添加剂记录、员工培训、净化设施等 12 本台账。

为了让安全员有效落实岗位责任，平台把每本台账的内容进行清单化，并对完成的要求标准化，同时以任务的方式推送到安全员的待办工作台。

完成标准 待办工作

安全员完成相关的检查工作后，通过五定照片或视频进行留痕，形成台账记录。

4. 关键风险智能监测

最后，是智能物联的应用，首先是企业安全管控附带的各类智能硬件产品，可以实时有效地对风险进行预警。正所谓"风险防控科技帮，政府监管心不慌"。企业安全管控平台配套的"包公仪"不眠不休，全天守护，铁面无私，发现违规就预警，公私分明，只预警给店家小伙伴，例如某个餐饮店做得不到位，那么包公仪会进行实时的提醒："您的经营许可证还有15天到期，请尽快办理；昨日餐具没有进行高温消毒，请您及时消毒；您昨天没有参加晨检，请尽快完成晨检。"

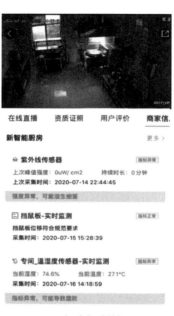

在线直播　资质证照　用户评价　商家信…

新智能厨房　　　　　　　　　　更多 >

⊙ 紫外线传感器　　　　　　　　　指标异常

上次峰值强度：0uW/cm2　持续时长：0分钟

上次采集时间：2020-07-14 22:44:45

强度异常，可能滋生细菌

⊟ 挡鼠板-实时监测　　　　　　　　指标正常

挡鼠板位移符合规范要求

采集时间：2020-07-15 15:28:39

🕙 专间_温湿度传感器-实时监测　　　指标异常

当前湿度：74.6%　　当前湿度：27.1℃

采集时间：2020-07-16 14:18:59

指标异常，可能导致腐败

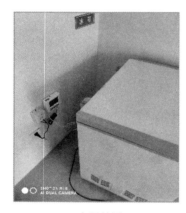

实际效果　　　　　　　　　　24 小时实时数据

5. 安全管控分析

平台针对每一位员工都设定了要做到的事情，那么到底有没有做到位，自己的责任有没有落实清楚，就成了餐饮老板最关心的事情，企业安全管控平台也为老板们做了相应的统计，我们可以查看每一名角色应做的任务有没有完成，同时可以分区域地查看属于不同角色的功能列表。

第八章 街、镇、辖区安全事项真普查

很多社会事故的原因，是因为潜在了隐患，而隐患聚集到一定程度，就提升了其发生事故的概率。随着中国社会城镇化的发展，人口越来越聚集，城市规模越来越大，城镇的组成越来越复杂，提供社会服务的复杂度就越来越高，日新月异地发生着变化。

针对社会及城市的日新月异变化，如果没有很好的机制支撑，就会导致很多关键安全风险失去管控，出现了底数不清、状态不透、责任不明等问题，城市安全隐患不能及时排除，最后就会酿成安全事故。

针对以上情况，我们要对街、镇、辖区进行安全事项普查，做到对社会安全风险"底数清、状态透、责任明"。安全事项普查及时发现辖区安全隐患，及时处理，保证辖区安全。

对于辖区而言，做安全事项普查，除了要有经费预算外，关键是要保证普查真实有效，不是走过场，甚至作假。真普查的结果要及时传达给企业负责人，让企业及时对查出的安全隐患整改，并且整改也得是真整改。

怎么做到真呢？使用前章节的五定发明专利是一个简单、实用并且低成本的办法。

具体怎么做安全事项真普查呢？由政府发起安全大普查活动，第三方专业人员负责专业落地，实现对治理对象的有效采集、责任传达落实、基础隐患排查整改跟踪以及安全治理长效机制建设。

首先，先要将管理对象（包括门店、住户、企业，等等），进行详细登记，实现数字化管理。

第二步：要将企业法人、联系人信息登记，做到责任人明确。

企业基础信息　　　　　　　　　　资质证照

第三步：针对各类企业分别做好对应的关键风险检查，比如针对餐饮企业，至少我们要检查是否合规经营、食品经营是否安全、房屋是否安全、消防是否安全等，如果有气瓶我们要检查气瓶是否安全等；同样还存在商贸企业、群租房、工业企业、养老机构等主体，对其都进行相关的风险检查。例如下图：

| 检查内容 | 检查内容 | 检查内容 |

第四步：检查结果要第一时间反馈给企业法人，并保证签字，责任传达到位，确保法人了解到自己企业要关注的风险重点，并将风险检查形成日常性的检查要求，形成基本的企业安全管理机制。

第五步：如果检查存在隐患，则形成改进建议，由企业负责人，推动企业相关人员整改，并反馈结果，从而清除隐患。

双方签字 整改结果

最后，对于企业的普查情况，我们通过地图实时地反映普查状态，让辖区相关领导实时掌握，全面监督。对于绿色企业标识普查正常，不存在基本隐患；黄色标识普查后存在隐患的企业；红色则表示还没有进行普查的企业。

真普查结果的实时大屏

通过快速普查，我们做到对每个企业安全风险实时追踪，对重点安全隐患快速定位，对于主体整改结果实现有效追踪，从而一次性处置好安全隐患问题；通过夯实主体法人安全责任，帮助主体建立岗位责任人的安全追踪体系，形成常态化的主体安全风险点自查机制，从而确保了对风险的长效控制，规避城市安全事故产生。

在你翻阅文字后，你如果还有兴趣，可以扫码，看看我一小时的"安全事故真能归零"演讲。

扫码查看安全事故真能归零演讲

后记

　　频发的安全事故，不断击打着我的心灵。明明只要岗位人员多一点关注，就能避免的事故，为什么一而再，再而三地发生呢？还是应该怪罪我、我们。我们这些掌握了低成本、简单、实用技术方法的人，有责任普及安全治理方法，让安全事故归零。

　　感谢家人与朋友不责怪我龙年春节不陪伴他们而闭门完成书稿！

　　感谢金和网络各事业部的同志为本书案例的简、美而辛劳！

　　感谢出版社朋友为加速出版而放弃休息！

　　感谢您耐心地读完本书！

　　更感谢您作为岗位责任人，从今后对安全风险点真查而坚持！

栾润峰

2024 年 3 月 3 日于北京上地